大坝工程

『十四五』时期国家重点出版物出版专项规划项目

中国水利水电科普视听读丛书

中国水利水电科学研究院　组编

周虹　主编

U0291375

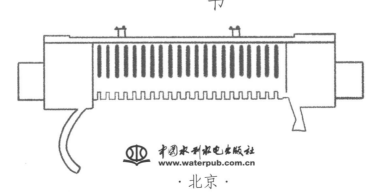

中国水利水电出版社
www.waterpub.com.cn

·北京·

内 容 提 要

　　《中国水利水电科普视听读丛书》是一套全面覆盖水利水电专业、集视听读于一体的立体化科普图书，共14分册。本分册共有6章，内容分别为我国大坝工程发展概览、超大规模典范大坝工程、母亲河治理关键性大坝工程、绿色生态大坝工程、超高坝代表性工程、智能化引领性大坝工程。本分册在梳理大坝工程发展历史的基础上，重点以我国现代著名大坝工程为案例，展示这些工程的设计理念、结构功能、技术创新和综合效益，为读者了解大坝工程提供参考借鉴。

　　本丛书可供社会大众、水利水电从业人员及院校师生阅读参考。

图书在版编目（CIP）数据

大坝工程 / 周虹主编；中国水利水电科学研究院组编. -- 北京：中国水利水电出版社，2022.9
（中国水利水电科普视听读丛书）
ISBN 978-7-5226-0661-3

Ⅰ. ①大… Ⅱ. ①周… ②中… Ⅲ. ①大坝—水利工程—中国—普及读物 Ⅳ. ①TV649-49

中国版本图书馆CIP数据核字（2022）第070680号

审图号：GS（2021）6133号

丛 书 名	中国水利水电科普视听读丛书
书　　名	大坝工程 DABA GONGCHENG
作　　者	中国水利水电科学研究院 组编 周虹 主编
封面设计	杨舒蕙 许红
插画创作	杨舒蕙 许红
排版设计	朱正雯 许红
出版发行	中国水利水电出版社 （北京市海淀区玉渊潭南路1号D座 100038） 网址：www.waterpub.com.cn E-mail:sales@mwr.gov.cn 电话：（010）68545888（营销中心）
经　　售	北京科水图书销售有限公司 电话：（010）68545874、63202643 全国各地新华书店和相关出版物销售网点
印　　刷	天津画中画印刷有限公司
规　　格	170mm×240mm　16开本　12印张　132千字
版　　次	2022年9月第1版　2022年9月第1次印刷
印　　数	0001—5000册
定　　价	78.00元

凡购买我社图书，如有缺页、倒页、脱页的，本社营销中心负责调换

版权所有·侵权必究

《中国水利水电科普视听读丛书》

主　　任　匡尚富

副 主 任　彭　静　　李锦秀　　彭文启

主　　任　王　浩

委　　员　丁昆仑　　丁留谦　　王　力　　王　芳

（按姓氏笔画排序）　王建华　　左长清　　宁堆虎　　冯广志

朱星明　　刘　毅　　阮本清　　孙东亚

李贵宝　　李叙勇　　李益农　　杨小庆

张卫东　　张国新　　陈敏建　　周怀东

贾金生　　贾绍凤　　唐克旺　　曹文洪

程晓陶　　蔡庆华　　谭徐明

《大坝工程》

编写组

主　　编	周　虹
副主编	郑理峰
参　　编	陈丹妮　曹瑞琅

丛 书 策 划　李亮

书 籍 设 计　王勤熙

丛 书 工 作 组　李亮　李丽艳　王若明　芦博　李康　王勤熙　傅洁瑶
　　　　　　　芦珊　马源廷　王学华

本 册 责 编　王勤熙　李亮　李丽艳

党中央对科学普及工作高度重视。习近平总书记指出："科技创新、科学普及是实现创新发展的两翼，要把科学普及放在与科技创新同等重要的位置。"《中华人民共和国国民经济和社会发展第十四个五年规划和2035年远景目标纲要》指出，要"实施知识产权强国战略，弘扬科学精神和工匠精神，广泛开展科学普及活动，形成热爱科学、崇尚创新的社会氛围，提高全民科学素质"，这对于在新的历史起点上推动我国科学普及事业的发展意义重大。

水是生命的源泉，是人类生活、生产活动和生态环境中不可或缺的宝贵资源。水利事业随着社会生产力的发展而不断发展，是人类社会文明进步和经济发展的重要支柱。水利科学普及工作有利于提升全民水科学素质，引导公众爱水、护水、节水，支持水利事业高质量发展。

《水利部、共青团中央、中国科协关于加强水利科普工作的指导意见》明确提出，到2025年，"认定50个水利科普基地""出版20套科普丛书、音像制品""打造10个具有社会影响力的水利科普活动品牌"，强调统筹加强科普作品开发与创作，对水利科普工作提出了具体要求和落实路径。

做好水利科学普及工作是新时期水利科研单位的重要职责，是每一位水利科技工作者的重要使命。按照新时期水利科学普及工作的要求，中国水利水电科学研究院充分发挥学科齐全、资源丰富、人才聚集的优势，紧密围绕国家水安全战略和社会公众科普需求，与中国水利水电出版社联合策划出版《中国水利水电科普视听读丛书》，并在传统科普图书的基础上融入视听元素，推动水科普立体化传播。

丛书共包括14本分册，涉及节约用水、水旱灾害防御、水资源保护、水生态修复、饮用水安全、水利水电工程、水利史与水文化等各个方面。希望通过丛书的出版，科学普及水利水电专业知识，宣传水政策和水制度，加强全社会对水利水电相关知识的理解，提升公众水科学认知水平与素养，为推进水利科学普及工作做出积极贡献。

丛书编委会

2021年12月

前言

　　我国是一个水资源短缺且水旱灾害频发的国家。大坝工程正是为了调控自然界的地表水和地下水资源而修建的，它能够控制水流，抵御洪涝灾害，并对水资源进行优化配置，以满足人类生活和生产对水的需求。大坝工程的发展大大缓解了水资源时空分布不均与用水供需不匹配之间的矛盾，为人类的生活生产以及资源开发提供了良好保障。

　　我国大坝工程的发展历史悠久。早在良渚文化时期，良渚人遵循先治水后建城的原则，就已能够建设集防洪、蓄水、水运、灌溉等多功能为一体的水库大坝系统。古代筑坝事业重在防洪、灌溉、航运，创造了诸多辉煌成就，留下了许多保存至今的堤坝工程，如都江堰、木兰陂、松华坝等。新中国成立以来，特别是改革开放以来，党和国家高度重视水利工作，领导人民开展了气壮山河的大坝建设，大坝工程不仅承担着防洪、供水、航运、灌溉等任务，而且已经逐渐成为国民经济和社会发展的清洁能源保障，为工农业生产的发展、交通运输条件的改善、人民生活水平的提高贡献着巨大的力量。

　　壁立千仞，高峡出平湖。本分册在梳理大坝工程发展历史的基础上，重点以我国现代著名大坝工程为案例，展示这些工程的设计理念、结构功能、技术创新和综合效益，希望能够为读者了解大坝工程提供参考借鉴。

　　本分册共六章。第一章带领大家整体性了解大坝工程是什么，并进行我国大坝工程概览；第二章至第六章，分别从超大规模典范工程、母亲河治理关键性工程、绿色生态工程、超高坝工程、智能化引领性工程五个角度，详细介绍了三峡、小浪底、龙羊峡、新安江、锦屏一级、水布垭、黄登、溪洛渡、两河口和白鹤滩等著名的大坝工程。

　　本分册由周虹、郑理峰编写，杨小庆主审，陈丹妮、曹瑞琅参与部分统稿工作。全书各座大坝的图片均来自于工程建设管理单位，出版社李亮编审和王勤熙编辑对书稿的撰写提出了诸多宝贵意见，在此一并衷心致谢！由于时间和编者水平有限，分册中仍存在不足之处，敬请广大读者批评指正。

编者

2022 年 6 月

目 录

序

前言

◆ **第一章 壁立千仞——中国大坝工程概览**

3　　　　第一节　大坝工程分类多

5　　　　第二节　大工程有大作用

11　　　　第三节　中国大坝史久长

15　　　　第四节　三步发展领全球

◆ **第二章 长江流域的中流砥柱**
　　　　　　　　——大国重器三峡工程

24　　　　第一节　为什么要建设三峡工程

25　　　　第二节　不可替代的三峡工程

39　　　　第三节　三峡工程中的科技创新

◆ 第三章 永葆母亲河的活力生机

50　　第一节　黄河的调水调沙枢纽——小浪底工程

62　　第二节　黄河第一坝——龙羊峡工程

◆ 第四章 绿色实践守护绿水青山
——千岛湖的发源新安江工程

79　　第一节　新中国的水电奇迹：三年实现发电

81　　第二节　新安江工程的"轻巧"设计

83　　第三节　新安江的绿色生态体系

87　　第四节　生态文明建设的时代担当

◆ **第五章 里程碑工程挺起水电脊梁**

92　　　第一节 世界第一高坝——锦屏一级工程

104　　　第二节 世界最高面板堆石坝——水布垭工程

114　　　第三节 国内最高碾压混凝土坝——黄登工程

◆ **第六章 智能建造引领坝工未来**

130　　　第一节 开高拱坝数字化先河——溪洛渡工程

147　　　第二节 绝壁上的无人智能碾压——两河口工程

159　　　第三节 特高拱坝智能建造升级版——白鹤滩工程

175　　　**参考文献**

第一章

壁立千仞——中国大坝工程概览

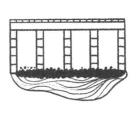

人类的生活离不开水，早期的人们都是依河流、湖泊而居。陆地上的淡水主要是由降雨而来，在时间和空间上分布并不均匀。堆土成坝、拦蓄雨水是人类生存的自然选择。

在自然界中，天然的"拦水坝体"比较常见，尤其是在峰峦叠嶂的山区。地质变动作用（如地震、火山、泥石流等）会形成各种堰塞体挡住河流，形成一座座天然的"水库"。著名的九寨沟五花海就是由于滑波和泥石流作用形成的，其海拔2472米，平均深度接近5米，水面面积约8万米^2，"库容"约60万米^3。

除了这些天然存在的坝，动物们出于本能也会建"坝"。河狸是一种有趣的动物，像蜜蜂喜欢建造蜂巢一样，河狸在河流上也喜欢修筑漂亮的大坝。左图就是河狸用石块、树枝和淤泥在河流中筑成的大坝。河狸们会跑到岸边去啃树木，被咬断的树干会横阻于溪流之上，像水坝一样使得河狸窝周边的水位抬升，仿佛是新居前的护城河一样，保卫着家族的安全。这种"大坝"最长可达300米左右，也为河狸捕鱼提供了方便。

河狸筑坝，是利用自然、享受自然的一种本能。人类在发展的进程中，一面与自然灾害做斗争，一面也在自

▲ 四川九寨沟五花海是典型的由滑波和泥石流作用形成的堰塞湖

▲ 河狸用石块、树枝和淤泥在河流中筑成的坝

然界的启示下，开始修筑人工防洪堤埂，以保护自己的农田和居所。随着对实践和认识的深入，大坝的功能也随之增多。

◎ 第一节　大坝工程分类多

天然形成的坝是"死坝"，只能拦河蓄水、形成湖泊，而人工建造的大坝是可调控水流和水量的，因而可兼顾水利的各种功能。

这里我们所说的"大坝"通常指截河拦水的建筑物，具有两种主要功能：一是蓄水以补偿河水流量的变化；二是抬高上游水位以使水能够流入渠道，或增大"水头"即水库水面与下游河流水面的高度差。蓄水和水头的产生使得大坝能够控制洪水、发电、为工农业和生活供水、通过稳定水流和淹没急流来改善河流航运。

按照不同的分类方法，大坝可以分为不同的类型。

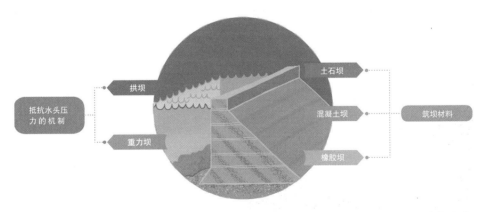

▲　大坝分类

▲ 三峡大坝

▲ 溪洛渡大坝

▲ 橡胶坝

▲ 小浪底大坝

根据抵抗水头压力的机制不同，大坝可分为重力坝和拱坝。重力坝，顾名思义就是利用坝体自身重量来抵抗上游水压力并保持自身稳定，比如著名的三峡大坝就是混凝土重力坝。而拱坝则是像拱桥一样，是在平面上呈凸向上游的拱形挡水建筑物，借助拱的作用将水压力的全部或部分传到河谷两岸的基岩上，比如美国的胡佛大坝、中国的溪洛渡大坝等。

按照筑坝材料的不同，大坝可分为土石坝、混凝土坝、橡胶坝和胶结坝等。土石坝的断面一般为梯形，由土料、石料等，经过抛填、碾压等方法筑成，是历史最悠久、运用广泛的一种坝型，比如小浪底大坝；混凝土坝是用混凝土或钢筋混凝土材料浇筑的坝，包括混凝土重力坝、混凝土拱坝、混凝土支墩坝等；橡胶坝是将充满气体或者水的橡胶袋固定于河床上，用来挡水，主要用于城市景观、河流生态修复等；胶结坝是充分采用工程现场的砂砾石料，加入少量胶凝材料碾压或振捣施工而成的坝型，包括胶结砂砾石坝、胶结土坝，它也是中国工程师原创的一种新坝型。

另外，按施工方式的不同，大坝还可以分为冲填坝、抛石坝、常规浇筑的混凝土坝、碾压混凝土坝等。

◎ 第二节 大工程有大作用

在古代，人类筑坝一方面是为了抵御洪水的侵袭，另一方面主要是为了灌溉取水之用。如今，全球范围内约 80 万座的水库大坝工程，除了蓄水灌溉和防洪，还以供水、发电、航运等综合效益，普施恩泽、造福人类。

一、抵御洪水是大坝工程的重要作用

人们需要水，有水才能生存。但人们又怕水，因为河流来水不均，往往导致水患不断。在出现现代水库修建技术以前，利用堤坝防御洪水是主要的工程措施，有文字记载的工程距今已有 5000 多年的历史。但出现较大洪水时，水会漫堤而出、冲毁家园，使良田变为鱼泽。为了减小洪水造成的损失，人们会选择一个天然的"大盆"来削减洪水的破坏力。从古至今人们经常采用的一种方法是选择低洼的、有一定容积的、经济相对不发达的地区容蓄洪水，这就是蓄滞洪区。蓄滞洪区是堤防防洪的重要辅助设施。但一旦需要分洪时，蓄滞洪区的人们就要紧急撤离。

那我们为什么不能建造一个"大盆"来留住洪水呢？人造水库就是这样的"大盆"。现代水库大坝的建设，实现了对洪水来量的调节，使得人类在与洪水的斗争中又增添了一种有效的新手段。以三峡工程为例，水库正常蓄水位高程为

▲ 三峡水库

175 米，防洪库容为 221.5 亿米³，这无疑是一个巨型的"大盆"。

1917 1923 年，美国密西西比河支流迈阿密河上建成 5 座典型的专用防洪水库，总库容 10 亿米³，防洪能力巨大。但新中国成立以前，我国水库大坝极其有限，因缺乏储水设施，长期对自然灾害无能为力。比如，1931 年我国的长江大水造成了 14.5 万人的死亡。新中国成立初期，全国仅有大型水库 6 座、中型水库 17 座和一些小水库。1949 年以后，我国全面进行江河治理，兴建了许多水库，完成了大量的防洪任务。

二、粮食生产和生活用水离不开大坝工程
1. 大坝与粮食安全

"水流到哪里，哪里就有粮食。"在世界各干旱地区，均有着类似的说法。虽然地球上并不缺水，但在时间、空间上水量分布都极不均匀。在这样的天然条件下，很多地区土壤水分状况往往难以满足作物的需要，在干旱地区和干旱季节尤其如此。我国是一个农业大国，人口多、耕地少、水资源总体短缺，且季节性、区域性分配不均衡，这就决定了我国的农业生产必须走灌溉农业之路。

灌溉是指用人工设施将水输送到农业土地上，补充土壤水分，改善作物生长发育条件。公元前 3400 年左右，美尼斯王朝就曾在埃及孟菲斯城附近截引尼罗河洪水修建淤灌工程。19 世纪，灌溉事业开始在世界范围内大发展，英国工程师们在尼罗河修建了一批拦河坝和渠系工程，将洪水漫灌变为常年灌溉。1985 年，全世界灌溉面积已占耕地面积的

16%，与此同时，灌溉系统也随之完备。从水源取水，通过渠道、管道及附属建筑物输水、配水至农田进行灌溉，环环相扣。在水资源短缺或者分配不均的国家和地区，用水库蓄水被广泛采用。

▲ 河套灌区

"大河三面环之，谓之河套也"，说的正是我国沃野千里的河套灌区。这里光照充足，作物种类很多。然而，由于河套灌区"深居内陆"，年降水量仅130～250毫米，而年蒸发量达2000～2400毫米。降雨量少，蒸发量大，属于典型的没有引水灌溉便没有农业的地区。早年间更以"旱年水不进渠，汛期泛滥成灾"闻名。20世纪50年代以来，为解决

▲ 三盛公水利枢纽工程

农业引水灌溉问题，这里兴建了三盛公水利枢纽工程，开挖了输水总干渠，才使得河套灌区引水有了保障。

2. 大坝与供水安全

农作物生长需要充足的水分保障，人类生活和工业生产同样离不开水，一个城市断水几天是不可想象的。随着城市的建设、发展和人口的增长，城市用水量逐年增长，我国城市用水的供需矛盾也日趋尖锐，许多城市地下水位逐年下降或者几近枯竭。据统计，包括我国北京、天津、深圳和香港特别行政区在内的近百座大中城市的居民生活和工业用水的全部或部分依靠水库供水。例如，1960年建成的

▲ 密云水库

密云水库自1982年后,主要功能从防洪、灌溉逐渐转变成为供水。自2002年起,水库停止向农业供水并削减工业供水,主要承担城市生活用水。现在,密云水库供水量约占居民生活用水的六成。

全国660个城市中,有400多个城市存在不同程度缺水问题,其中100多个城市严重缺水。特别是我国北方城市,由于河流、湖泊等地表水年内分配不均、年际变化很大,供需矛盾更加突出,缺水不仅导致旱灾经济损失、工业缺水经济损失,而且还影响到城乡人民的饮水安全,并导致一系列生态环境问题。

缺乏必要的工程调蓄手段是导致缺水的主要原因之一,这会严重威胁供水安全。目前,我国已形成近6000亿米³的供水能力,其中通过大坝水库拦蓄调节的蓄水供水仅占1/3,供水保障程度低。从已有数据分析,我国蓄水工程对地表水的调蓄控制能力明显不足,远低于美国、加拿大、俄罗斯、墨西哥等国家。保障供水安全是关系国计民生的大事,直接关系到社会稳定和粮食安全,因此修建大坝水库来增加调蓄能力是保障国家供水安全的战略选择。

三、水电是大坝工程提供的宝贵清洁能源

筑坝用于防洪和灌溉是保护家园和农业生产的需要,在工业革命以后,人们发现天然水流和大坝

蓄水中蕴藏着巨大的能量，而这种能量因其可以转化为电能得以更为广泛地应用。从此以后，大坝不仅仅用来防洪和灌溉，对于条件许可的地方还可以利用大坝蓄水发电，后来许多大坝都兼有防洪、灌溉和发电三项功能。由于水力发电的巨大吸引力，甚至在一些地方专门建造大坝来发电。

▲ 我国第一座水电站——石龙坝水电站

位于英国诺森伯兰的克拉格赛德是世界上第一座被水电照亮的建筑。1882年，世界上第一座商用水电站在美国威斯康辛州的阿普尔顿成功开始运行，装机约12.5千瓦。1910年，中国近代实业家王鸿图等在云南昆明市郊的螳螂川上建成了我国第一座水电站—— 石龙坝水电站，最初装机容量仅为480千瓦。

人们之所以青睐水电，不仅由于它是用之不尽的清洁能源，而且是经济上最划算的能源，其能源回报率也最高。如以一个火力发电厂为例，建设期和运行期所消耗的所有电力既包括机械设备运行、照明耗能等直接能源消耗，也包括建筑材料、煤炭消耗、制造、运输等过程的耗能。按照这一定义可估算出各种能源开发方式的能源回报率：水电在170以上，远高于风电的18～34，生物能的3～5，太阳能的3～6，核电的14～16和传统火力发电的2.5～5.1。发达国家凭借资金、技术和市场机制等多方面的优势，比发展中国家早30多年优先完成了本国水电开发的任务。

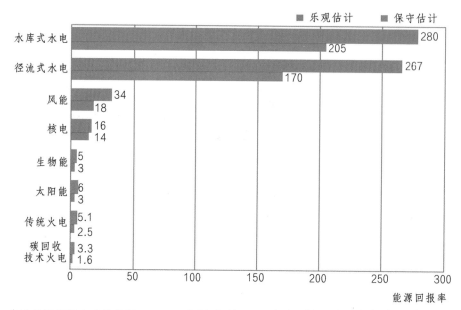

▲ 各种能源开发方式的能源
　回报率

在过去的 100 多年时间里，水电发展十分迅猛。到 2021 年年底，全球水电装机容量 13.6 亿千瓦，年发电量 42500 亿千瓦时。我国水电装机容量达到了 3.91 亿千瓦（其中抽水蓄能 0.36 亿千瓦），水电年发电量 13401 亿千瓦时，中国水力发电占全球水力发电总量的 31.5%。

除了防洪、供水、发电之外，大坝工程还发挥着改善航运、渔业、旅游、生态等多重效益。所谓"兴利避害"，大坝是一个绝佳的体现。作为促进人类与自然和谐相处的重要基础设施，大坝工程是真正的"水利"工程。

◎ 第三节 中国大坝史久长

　　我国水库大坝建设的历史源远流长。根据 2016 年的最新考古发现，早在距今 4300～5300 年前的新石器时代晚期的良渚文化时期，古代良渚人遵循先治水后建城的原则，就已能够建设集防洪、蓄水、水运、灌溉等多功能为一体的水坝系统。这一考古发现将中国的建坝历史大大提前，表明中国是世界上最早建设大坝的国家之一，改写了中国与世界的水利史。该水利系统由谷口高坝、平原低坝和山前长堤的若干人工坝体和天然山体、溢洪道构成，整个系统形成面积约 13 千米^2 的水库，库容量超过 6000 万米^3。这既是中国迄今发现的建设年代最早、规模最大的水利工程遗址，也是世界上迄今发现的最早的堤坝系统之一。良渚遗址的水利设施系统在坝址选择、地基处理、坝料选材、填筑工艺、结构设计等规划和工程技术方面，都体现出中国早期城市发展与水利工程建设的高度融合，展现出高超的整体规划能力和科学技术水平。

　　中国历史上用于防洪、灌溉和航运的堰坝还有很多，见诸于文字记载的最早的蓄水坝，是相传建于公元前 598——前 591 年间的安徽省寿县的"芍陂"——安丰塘坝，坝高 6.5 米，库容约 9070 万米^3，是中国古代四大水利工程之一。芍陂

▲ 良渚遗址的水利设施系统模型

▲ 如今的安丰塘水库

▲ 都江堰

的建成，使得安丰县年年粮食丰收，一跃成为春秋时期楚国的经济要地。到了北魏时期，郦道元所著的《水经注》对安丰塘坝有比较详尽的描述，"北有淮水，南有比淠水，西有如溪水，东有淝水"。安丰塘犹如一个大湖，四周设5门，只有淠水流入，其余4门为放水或调节水量之用。北魏之后，历朝历代都曾多次修复和更新改建，仅明清两朝的修治就有20余次。时至今日，安丰塘已运行了2600多年，且仍在农业生产方面发挥着巨大作用。

除此以外，公元前605年修建的期思雩娄灌区渠首堰坝，公元前453年修建的智伯渠坝，公元前422年修建的漳水十二渠（又称西门渠）渠首堰坝，公元前256年修建的都江堰，公元前246年修建的郑国渠渠首，公元前219年修建的灵渠，还有唐代时期修建的它山堰、北宋时期修建的木兰陂和元代时期修建的松华坝等，这些古老的水利工程有的至今仍在发挥作用。它们不仅是中国水利史上的瑰宝，也是人类科技发展的重要见证。

中国历史上，还有将大坝用作军事"水攻"的情况，其中最著名的是南北朝时期在淮河上修建的

浮山堰。浮山堰始建于梁天监
十三年（公元 514 年），用土、
石、木料和铁器等建成。据估算，
其主坝高 30 ~ 40 米，形成的水
域面积约有 6700 千米^2，总蓄水
量在 100 亿米^3 以上，浮山堰主
副坝填方约达 200 万米^3。这几
项指标在当时均为世界第一位。
作为军事用途的临时工程，浮山
堰建成后 4 个月就溃于洪水。

▲ 浮山堰遗址

▲ 洞窝水电站

　　上述历史记载的工程实例充
分说明了中国筑坝的悠久历史和
伟大实践。虽然我国江河治理历
史悠久，但大坝建设一直以来发
展较慢。中国近代修建的第一座
水电站——石龙坝水电站，由云
南当地创议兴办，德商礼和洋行
承包设计和施工，向西门子洋行订购机组，由最初
装机容量 480 千瓦陆续扩建到新中国成立前夕装机
的 2920 千瓦；中国第一座自行设计施工兴建的水电
站是 1923 年开工建设的四川泸县附近的洞窝水电
站，最初安装一台 175 千瓦水轮发电机组，继而兴
建调蓄水库，并增装第二台 30 千瓦机组，1943 年
改建为两台 500 千瓦机组，这两座水电站至今仍在
运行当中。

　　根据 1950 年国际大坝委员会统计资料显示，在
全球坝高 15 米及以上的 5196 座大坝中，中国仅有
21 座。1949 年，我们国家库容在 10 万米^3 以上的水
库仅有 348 座，总库容约 271 亿米^3；各类水电站仅

▲ 美国胡佛大坝

有 57 座，水电总装机容量为 58 万千瓦，全国有近三分之一的省份没有一座水库。与同期国际大坝发展水平相比，20 世纪初到第二次世界大战之前，欧美发达国家已经建设了一批坝高 100 米以上的水库大坝，其中 1936 年建成的美国胡佛大坝坝高 221.6 米，总库容 373 亿米³，总装机容量 208 万千瓦，代表了当时国际筑坝技术的先进水平。可见，与国际上同期比较，我国大坝工程不仅数量极其有限，水库总库容和水电总发电量都处于非常落后的阶段，当时的大坝建设技术远落后于同期的世界水平。

◎ 第四节 三步发展领全球

　　新中国成立后，我国高度重视水利水电事业发展和水利基础设施建设，充分发挥社会主义集中力量办大事的制度优势，治理水患、根除水患、为民造福。同时，水库大坝建设和坝工技术也有了长足的进步。如果以坝高作为筑坝技术的一个重要衡量标准，20 世纪 60 年代初，以新安江水电站坝高 105 米为标志，我国的筑坝技术已达到了能够自主建设 100 米以上高坝的能力；20 世纪 90 年代初，以二滩水电站坝高 240 米为标志，我国已能够建设 200 米以上的高坝；21 世纪初，以小湾水电站坝高 294.5 米为标志，我国已能建设 300 米级的高坝。多年来，我国筑坝技术经历了从探索、跟跑、并跑再到引领世界的过程，目前已彻底改变了长期落后的局面，并达到世界筑坝技术的先进水平。回顾中国大坝建设的历史，其发展历程大致可以分为以下三个阶段。

一、从 1949 年到 1978 年

　　这一阶段，防洪安全、粮食供给，以及工业化之初的能源紧缺问题是中国面临的最严峻的问题。为了提升我国江河防御洪水的能力，适应国家经济发展和社会稳定迫切需要的粮食和电力需求，我国大坝建设踏上了现代化发展征程。但由于经济水平、筑坝技术和人才等影响，大坝建设总体上处于"探索"和"跟跑"阶段。开始主要靠借鉴学习苏联经验，随后在消化吸收的基础上，果断转向以自主发展、

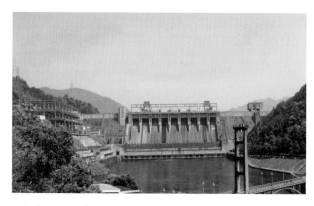

▲ 新安江大坝

▲ 丹江口大坝

自力更生为主的研究和探索。新中国在较短的时间内建设了一大批水库大坝工程，迅速扭转了水利基础设施的落后局面，为当时和今后的国家经济建设和社会发展奠定了基础。

新中国成立初期的十年，我国对几条主要的大江大河，如淮河、黄河、海河、珠江、辽河、长江和松花江，都在不同程度上开始进行治理开发，并取得了明显的治理效果。这一时期，我国开工建设了官厅、佛子岭、梅山、大伙房、三门峡、新安江、丹江口等一批水库、大型水利枢纽和水电站，其中许多工程建设得到了苏联专家的大力帮助。这些工程的建成满足了所在地初期发展的防洪安全和灌溉的需要，并在以后的运行中为当地社会经济发展发挥了显著的综合效益。同时，我国依靠广大人民群众兴建了一大批中小型水库，对新中国成立初期保障我国的粮食安全作出了突出贡献。

受三年自然灾害和国际形势的影响，20 世纪60 年代初期一批大型水库大坝工程被迫停建缓建。1963 年海河流域大洪水后，毛主席发出"一定要根治海河"的伟大号召，全国掀起水利建设新高潮。20 世纪 70 年代高坝大库建设也逐渐增多，设计建设了一批如葛洲坝、潘家口、龙羊峡等兼顾防洪、发电、航运等综合效益的大型水利枢纽工程。

二、从 1978 年改革开放到 2000 年

这一阶段，我国大坝建设从"跟跑"阶段发展到"并跑"阶段。改革开放极大地解放了生产力，促进了水利水电建设的迅猛发展。通过全方位的国际交流合作和技术引进，我国在水库大坝建设在基础理论、建设理念、设计方法、计算机技术、科研能力等方面得到长足进步。以世界银行等国际金融组织支持的二滩水电站、小浪底水利枢纽等项目建设为代表，我国大坝工程从设计到建设管理加速与国际接轨，大坝建设能力全面提升。与此同时，碾压混凝土坝、面板堆石坝等新坝型成功引进并在中国得到了迅速发展。

这一阶段，相继开工建设了一批高坝工程，其中广州抽水蓄能、岩滩、漫湾、隔河岩、水口等水电站并称为"五朵金花"，成为改革开放后完全采用市场机制开发建设的初期实践者和受益者。这一时期坝工建设总体上还处于"跟跑"、借鉴学习阶段，碾压混凝土重力坝和混凝土面板堆石坝等坝型在我国生根、开花、结果，为 20 世纪 90 年代及 21 世纪的进一步发展打下了坚实的基础。这一阶段，混凝土重力坝建设的标志性工程是 1994 年开工建设的长江三峡工程，这是世界上综合功能最强的水利枢纽工程。

▲　二滩大坝

17

三、2000 年至今

这一阶段，国家经济稳步快速发展，综合国力不断增强，对水利基础设施的需求不断加大，水利水电事业进入一个大发展时期。国家实施西部大开发、西电东送战略，为大水电向西部进军提供了发展机遇，一批 200 米级以上甚至 300 米级的特高坝在西部尤其是西南地区开工建设。相继建成最大坝高 294.5 米的小湾拱坝、最大坝高 192 米的龙滩一期碾压混凝土重力坝、最大坝高 233.2 米的水布垭面板堆石坝、最大坝高 261.5 米的糯扎渡心墙堆石坝、最大坝高 305 米的锦屏一级拱坝等特高坝工程，攻克了高海拔、高寒、高地震烈度、复杂地质条件等筑坝环境下一系列世界级筑坝难题，标志着我国建坝技术已位居世界前列。这一时期除了在筑坝技术方面不断突破，在大坝建设和运行中也更加注重环境保护和生态的可持续发展，在很多方面进行了开创性的尝试。

经过多年的建设，我国拥有了 98000 多座水库，7000 多亿米^3 的防洪库容，4300 多亿米^3 的水库供水能力。这些水库大坝，为国家经济社会发展提供了重要的防洪、供水、粮食、能源、生态等安全保障，使我国以只占全球 6% 的水资源、10% 的耕地，基本解决了占全球 22% 的人口的温饱和发展问题。截至 2020 年 4 月，全球共建成大坝 58713 座，前 4

▲ 小湾拱坝

位分别是中国 23841 座、美国 9263 座、印度 4407 座、日本 3130 座；其中，中国比美国、印度、日本加起来的总量还多，占据全球 40% 以上的大坝，稳居世界第一位。其实，我国不仅已成为世界上水库大坝数量最多、高坝数量最多的国家，还覆盖了世界上所有坝型，创造出了许多筑坝世界纪录。接下来，让我们来详细了解这些各具特色的中国大坝工程。

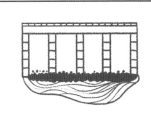

第二章 长江流域的中流砥柱

——大国重器三峡工程

长江三峡是瞿塘峡、巫峡和西陵峡三段峡谷的总称。长江三峡水利枢纽工程（以下简称"三峡工程"），位于长江三峡之一——西陵峡的中段，坝址在湖北省宜昌市的三斗坪。三峡工程功能涵盖防洪、发电、航运等10余种，是世界上规模最大的水电站，也是我国有史以来建设的最大型工程项目。

三峡工程主要由大坝、电站厂房以及通航建筑物等构成。

1. 大坝

三峡工程大坝包括拦河大坝和茅坪溪防护坝。修筑在长江河床上的拦河大坝是用1800多万米^{3}混凝土浇筑而成的混凝土重力坝。大坝坝顶总长2309.5米，最大坝高181米，总库容450.5亿米^3。茅坪溪防护坝是三峡工程的一座副坝，最大坝高104米，主要功能是保护秭归县免遭库水淹没，同时也为库区茅坪港提供足够船舶停靠的水深。溢洪坝段前缘总长483米，设有22个表孔和23个泄洪深孔。表孔和深孔均采用鼻坎挑流方式，让高速水流流经孔末端的挑流坎，向下游抛射消能。校核洪水时最大下泄流量为10.25万米^3/秒。

2. 电站厂房

三峡电站总装机容量2250万千瓦，采用坝后式，其中左、右两座厂房分别位于溢洪坝段两侧，厂房总长度1228米，共安装26台单机容量70万千瓦的水轮发电机组。靠近长江北岸的是左岸电站，装有14台机组；靠近长江南岸的是右岸电站，装有12台机组；此外，还有6台70万千瓦水轮发电机组安装在大坝右岸的地下厂房。

小贴士

校核洪水

校核洪水是指符合水工建筑物校核标准的洪水。校核洪水反映水工建筑物在非常运用情况下所能防御洪水的能力，是水利水电工程规划设计的一个重要设计指标。校核洪水是为提高工程的安全与可靠程度所拟定的高于设计标准的洪水，用以对水工建筑物的安全进行校核。当水工建筑物遭遇这种洪水时，安全系数允许作适当降低，部分正常运行条件允许破坏，但主要建筑物应保证安全。

3. 通航建筑物

三峡工程永久性通航建筑物包括永久船闸和升船机，均位于左岸山体内。永久通航船闸为双线五级船闸，是在花岗岩山体中开凿出来的。其上、下游引航道与长江主河床相连，船闸本身长1607米，加上引航道，全长6.4千米，可通过万吨级船队。无论是船闸规模还是水头，永久船闸都居世界之首。船闸由6个闸首和5个闸室组成，每个闸首均安装有两扇"人"字门，双线5级共有24扇闸门。

为了保证旅客快速过坝，三峡工程从2005年开始修建垂直升船机。三峡升船机也是世界上最大的升船机(详见本章第三节"三峡工程中的科技创新")。

2008年汛期之后，三峡工程开始175米的试验性蓄水，水位逐渐向设计水位逼近。2010年10月26日，这是一个历史性的时刻，当水库水位稳稳地站在175米这一水尺时，三峡工程向全世界宣告，它已达到了初步设计规定的各项指标，工程全面建成。截至2021年，拦河大坝和各类泄水建筑物运行状况良好。

▲ 长江三峡水利枢纽工程

◎ 第一节 为什么要建设三峡工程

早在一个世纪前，孙中山先生就在《建国方略》中首次提出了开发长江三峡、改善航运并发展水力发电的设想，希冀利用长江水利富国强民。但是，在那个积贫积弱、内忧外患的年代，建设三峡工程只能是一个梦想。

新中国成立后，历届党和国家领导人把足迹留在了长江、留在了三斗坪坝址，更关注的是治理长江水患。对三峡工程的规划、勘测和设计工作贯穿于 20 世纪后半叶的 50 年中。经过长期、反复的科学论证，1992 年第七届全国人民代表大会第五次会议表决通过了关于兴建长江三峡工程的决议。1994 年，三峡工程正式开工建设。

庆幸的是，三峡工程建设时处在改革开放的年代，飞速发展的国民经济为建设三峡工程提供了强有力的后盾，科学技术的进步为高质量、高速度建设三峡工程奠定了基础，我们有充分的把握和能力建造这样巨大的工程。

2006 年，三峡主体工程提前一年完工，一座雄伟的大坝壁立西江。2020 年，在如期完成建设任务并连续经受了 14 年试验性蓄水检验后，三峡工程又迎来了其建设历程中的高光时刻——三峡工程完成整体竣工验收全部程序，顺利通过验收，这标志着三峡工程建设任务全面完成。历史，在三斗坪这个地标见证了中华民族的伟大复兴。

小贴士

三峡大坝建设时间表

1994 年 12 月 14 日，三峡工程主体工程正式开工。

2003 年 6 月 1 日，三峡工程按期下闸蓄水，船闸试通航，首批机组发电。

2005 年 9 月 16 日，三峡左岸电站 14 台机组提前一年全面发电。

2006 年 5 月 20 日，三峡大坝提前一年建成。

2008 年 10 月 29 日，右岸电站全部投产发电，至此三峡电站 26 台机组提前一年全部投产。

2012 年地下电站 6 台机组全部投产。

2020 年 11 月 1 日，三峡工程完成整体竣工验收。

◎ 第二节 不可替代的三峡工程

三峡工程建成以来，在防洪、发电、航运和抗旱等方面发挥了巨大效益。水库形成防洪库容221.5亿米^3，百年一遇的洪水可通过水库调蓄化解，大于百年一遇的洪水可适当配合使用分蓄洪区，大大减少损失；三峡发电站总装机容量2250万千瓦，多年平均年发电量882亿千瓦时，相当于十余座大型火力发电厂，是世界水力发电站之最；改善了600多千米长的川江航道，万吨级船队可直达重庆，大幅提升了西南地区的水运能力，使长江成为名副其实的黄金水道。

三峡工程正在发挥巨大作用，带来广泛的综合效益。接下来，本节将分别对其各方面的重要作用进行速览。

一、防洪作用

1. 长江保护神

中华文明史一直与治水息息相关。三峡工程作为开发和治理长江的关键性骨干工程，防洪是其首要功能，在长江防洪体系中具有不可替代的作用。

三峡处于长江上游来水进入中下游平原河道的"咽喉"，紧邻长江防洪形势最为严峻的荆江河段，地理位置优越，对长江中下游洪水的控制作用是上游干支流水库不能替代的。三峡工程可以控制长江荆江河段95%的洪水来量，其控制和调节作用最直接、最有效，就好比是控制进入长江荆江河段洪水大小的"总储水库"。工程建成后，荆江地区的防洪形势发生了根本性的变化，同时也大大提高了武汉防洪调度的灵活性。

三峡工程的建成标志着长江中下游防洪体系基本形成。三峡工程按千年一遇洪水设计，其防洪库容221.5亿米³，可使下游荆江河段的防洪标准由原来的十年一遇洪水提高到百年一遇，即可以抵御1954年型的大洪水；遇千年一遇或类似于1870年的特大洪水，经过三峡水库调蓄后，枝城河段可控制流量不大于8万米³/秒，配合荆江地区的分蓄洪区运用，可避免荆江地区发生干堤溃决的毁灭性灾害。百年一遇的洪水仅使用三峡防洪库容调蓄即可抵御，千年一遇洪水需要配合使用分蓄洪区，使用荆江分蓄洪区的概率降至原来的1/10，大大降低了使用荆江分蓄洪区造成的损失。

截至2021年12月底，长江流域已建成大型水库（总库容在1亿米³以上的）300余座，总调节库容约1800亿米³，防洪库容约800亿米³。通过以三峡工程为骨干的水库群的联合调度，可大大缓解长江的防洪压力。

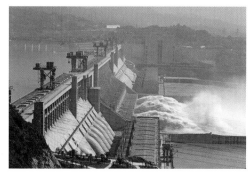

▲ 三峡大坝泄洪景观

2. 防御洪水

1998年百万官兵以血肉之躯在荆江大堤上严防死守洪水的艰难场景，相信很多人都没有忘记。那次虽然守住了大堤，但仍付出了1500多人死亡和2000多亿元直接经济损失的代价。而2003年三峡工程投入运行后，荆江两岸的防洪形势发生了根本性的变化：2010年、2012年、2016年都出现了比

1998 年更大的洪峰，正因为我们有了技术手段——以三峡工程为骨干的水库群联合调度、拦洪削峰，才保证了江汉平原的安澜，大大减轻了中下游地区的防洪压力。

2010 年 7 月 19 日晚至 20 日上午，三峡水库迎来峰值 7 万米³/秒的洪水，其峰值超过 1998 年的洪水，是三峡工程建成以后迎来的第一次较大规模的洪水。在准确预报水情的基础上，经科学调度，三峡水库成功地应对了这次巨大的洪峰，控制三峡出库流量 4 万米³/秒，削减洪峰流量 40%，一次拦蓄水量约 80 亿米³。

2012 年 7 月 24 日 20 时，三峡水库入库流量 7.12 万米³/秒，是三峡水库蓄水 9 年来遭遇的最大洪峰。当洪水到达大坝时，8 个泄洪深孔同时开启，洪峰开始衰减。25 日上午，长江上游洪水消退，标志着历史罕见洪峰顺利过境三峡。通过准确预报和科学调度，三峡水库削减洪峰 2.82 万米³/秒，使大坝下游主要河段水位涨幅在可控范围内。若无三峡工程，宜昌、沙市、枝城水位将超过警戒水位，将需要大量人员上堤巡查、抢险。

2016 年汛期，受超强厄尔尼诺影响，长江中下游地区遭遇了自 1998 年以来最严重的洪涝灾害，以三峡水库为核心的流域水库群实施了联合防洪调度，充分发挥了梯级水库的防洪功能，成功应对了 2016 年长江 1 号洪

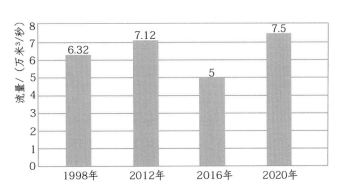

▲ 1998、2012、2016、2020 年三峡水库入库洪峰最大值比较

峰，通过拦洪、错峰、削峰调度，避免了与长江中下游形成的2号洪峰叠加遭遇，控制沙市站没有超过警戒水位，城陵矶站没有超过保证水位。

2020年入汛以来，长江流域出现连续强降雨天气，发生区域性大洪水，累计降水量超过1998年，防洪形势严峻。地处长江上中游分界点的三峡工程，是控制中下游来水的"总开关"。7月2日至8月17日，在不到两个月的时间内，就有5次编号洪水进入三峡水库，且第5号洪水洪峰达到7.5万米^3/秒，约3分钟就可灌满一个西湖，为三峡建库以来最大洪峰。通过"长江流域最强防洪军团"的科学调度，为长江上游寸滩站削减了1.35万米^3/秒的洪峰流量，削减率超15%，降低洪峰水位2米以上，避免了数十万人的转移，极大地减轻了重庆的行洪压力。

2020年8月20日8时，7.5万米^3/秒流量的洪峰到达三峡大坝后，11个泄洪深孔同时开启泄洪。此次削峰拦蓄洪峰流量2.58万米^3/秒，保证了下游的安全。

知识拓展

什么是 N 年一遇的洪水？

所谓"N年一遇"，在水文学领域有一个更专业的名字——重现期。它的意思是某个强度的降水或洪峰重复出现一次的平均时间间隔，是根据大量的实测资料通过计算得到的。

举个简单的例子：我国很多地区历史悠久，会保留很长时间的水文资料。假设有一个地区，保存有一条河 1000 年的水文资料。平时这条河的流量都在 50 米³/ 秒左右，偶尔降水偏多，这条河发生洪水，最大流量会达到 100 米³/ 秒。通过统计我们发现：这样的事件在 1000 年的历史中一共发生了 100 次，平均 10 年出现一次，我们称之为"十年一遇"。反过来说，每一年遇到这种流量的洪水概率就是 1/10 或 10%。

同样的，经过研究发现：假设这条河流量达到了 300 米³/ 秒的超级洪水，在 1000 年的历史上只发生过 1 次，那么我们就称之为"千年一遇"，每年出现这样洪水的概率就是 1/1000 或 0.1%。"千年一遇"洪水通俗地讲就是每年发生该量级洪水的可能性是千分之一。

当然，国家防洪采用"N 年一遇"的计算是一个严密而又复杂的过程。要对历史事件数据进行大量的统计，归纳特定事件样本在样本总体中出现的次数，最终通过一系列计算分析才能确定该特定事件发生的概率。

3. 防御超记录洪水

2020 年，长江中下游的洪水引起了全社会的广泛关注，围绕洪水成因、三峡工程在其中的作用等公众关心的问题，在这里给出一些答案。

（1）2020 年长江发生了什么样的洪水？

长江大洪水通常分为两类：区域性大洪水和流域性大洪水，2020 年的洪水属于前者。洪水主要不是来自于三峡水库上游，而是由中下游地区的暴雨形成。2020 年汛期，长江中下游流域降水量为 498.5 毫米，较常年同期偏多 64.3%，为 1961 年以来历史同期最大；从降水范围看，2020 年强降雨集中于长江中下游及沿江区域，相比 2016 年降水范围更广，但较 1998 年降水范围小。所以 2020 年长江洪水为中下游区域性大洪水。

（2）2020 年长江洪水的特点和影响程度如何？

2020 年 7 月 12 日，这次洪水成为几十年来最严重的洪涝灾害，国家防汛抗旱总指挥部将防汛应急响应提升至 II 级。洪涝灾害导致数百人死亡或失踪，数百万人被转移安置，倒塌房屋 2.8 万间，损失 820 亿元人民币。同时，连日降雨造成的地质灾害还使 500 多处文物受损，这些受损文物来源于江西、安徽、湖南、湖北、四川等十几个省。2020 年洪灾冲毁了安徽黄山屯溪震海桥，四川阿坝达维会师桥—— 这座桥为红军长征走过的红色文物，广西桂林李宗仁故居以及湖北十堰武当山建筑群等都没能幸免。

（3）为什么三峡工程建成后仍然有 2020 年洪水？

2020 年长江防汛紧张主要是长江流域尤其是中下游降水多导致的，流域平均降水量较常年偏多近 2 成，特别是进入主汛期以来，流域共发生 9 次明显降雨过程，基本无间歇，降雨量较常年偏多 4 成，中下游较常年偏多 6 成，排名 1961 年以来第 1 位。受流域持续强降雨的影响，7—8 月流域多处河流及湖泊水文站点水位持续上升，长江干流监利—江阴段、洞庭湖湖区、鄱阳湖湖区等地水位已超防洪警戒水位，部分湖泊、堤坝超保证水位，长江中下游防洪形势严峻。由于三峡工程不能调蓄位于大坝以下的中下游地区发生的洪水，中下游干堤虽然已经基本建设达标，但是支流及湖泊防洪排涝能力低，城市开发建设与防洪排涝能力矛盾突出，因而即使有了三峡工程，2020年中下游仍然形成了大范围的洪涝灾害。

从2020年7月2日10时三峡水库迎来"长江2020年第1号洪水"，至17日14时"长江2020年第5号洪水"在长江上游形成，此次洪水期间，三峡入库峰值流量达7.5万米^3/秒，为三峡水库建库以来最大，出库流量控制在4.94万米^3/秒以下，削峰率为34.1%。据统计，在应对2020年长江洪水的过程中，三峡工程累计拦洪293亿米^3，相当于2400多个西湖水量。

知识拓展

设防水位、警戒水位和保证水位

进入汛期后，江河水位上涨，根据水位高低及其对堤防安全的威胁程度，一般将防汛水位划分为三个等级，水位由低到高依次为：设防水位、警戒水位和保证水位。

设防水位：指汛期河道堤防开始进入防汛阶段的水位，即江河洪水漫滩以后，堤防开始临水。

警戒水位：根据堤防质量、保护重点及历年险情分析制定的水位，也是堤防临水到一定深度，有可能出现险情，需要加以警惕戒备的水位。

保证水位：根据防洪标准设计的堤防设计洪水位，或历史上防御过的最高洪水位。当水位达到或接近保证水位时，防汛进入全面紧急状态，堤防临水时间已长，堤身土体可能达饱和状态，随时都有出险的可能。

二、发电作用

三峡工程在保证防洪效益的同时，一劳永逸地获得源源不断的电能，相当于我国新增一个年产近4000万吨原煤的可利用水力发电站。三峡水电站的总装机容量为2250万千瓦，是当之无愧的世界第一。世界排名第二的伊泰普水电站的装机容量只有1400万千瓦，远远低于三峡水电站。流经三峡的水，每4米^{3}就可以产生1度电，不仅水能发电成本较低，而且几乎是零排放。三峡地区的水能资源丰富，在有效缓解我国能源紧缺状况的同时也减少了大量温室气体的排放。

截至2020年12月31日24时，在确保三峡工程全面发挥防洪、航运、水资源利用等综合效益的前提下，三峡电站全年累计生产清洁电能1118亿千瓦时，打破了此前南美洲伊泰普水电站于2016年创造并保持的1030.98亿千瓦时的单座水电站年发电量世界纪录。累计1万亿千瓦时电力是可再生的清洁能源，具有巨大的节能减排效应，在优化我国能源结构、促进国民经济发展和长江经济带建设等方面发挥了积极作用。三峡电站的建设，形成了以三峡近区电网为核心的坚强区域性电网，极大地促进了全国联网的进程；三峡电站参与电网系统调峰运行，改善了调峰容量紧张的局面，为电力系统的安全稳定运行提供了可靠的保障。三峡电站巨大的发电效益在我国清洁能源电力供应、节能减排、促进经济社会可持续发展等方面作出了重要贡献。

三峡电站总装机容量2250万千瓦，约占全国水电总装机容量的7%，多年平均年发电量882亿千瓦时。2003年首批机组投产发电；2008年三峡右

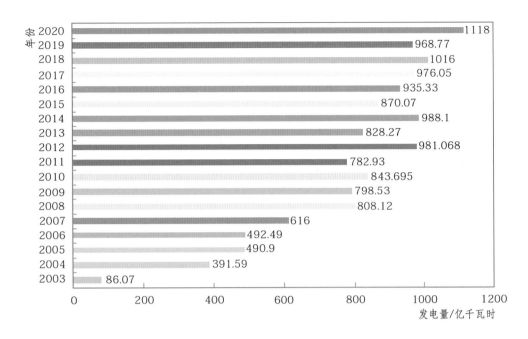

年份

年份	发电量
2020	1118
2019	968.77
2018	1016
2017	976.05
2016	935.33
2015	870.07
2014	988.1
2013	828.27
2012	981.068
2011	782.93
2010	843.695
2009	798.53
2008	808.12
2007	616
2006	492.49
2005	490.9
2004	391.59
2003	86.07

发电量/亿千瓦时

▲ 三峡电站历年发电量

岸电站最后一台机组正式并网发电，三峡工程初始设计的左右岸电站 26 台机组全部投产运行；2012 年包括新增的地下电站 6 台机组在内的三峡电站全部机组建成投产。根据三峡电站年设计发电量，至少要有 11 个完整发电年度才能实现 1 万亿千瓦时的发电量，三峡电站通过科学决策、优化调度，在首批机组投运 14 年、全部机组达产不到 5 年时间里即实现了累计发电量 1 万亿千瓦时。

按照装机容量计算，三峡电站年发电量应该远超设计发电量。但三峡水库并不能总是维持在较高水头发电，它有几个特征水位，其一为 175 米正常蓄水位，是指三峡水库在正常运用情况下，为充分发挥防洪、抗旱、发电、航运、供水和补水、节能减排与生态环保等综合功能而蓄到的最高水位；其二为 145 米防洪限制水位，指三峡水库在每年汛前必须要降低到这个水位，以利于腾出库容防洪，也是汛期防洪应用时的起调水位。三峡水库防洪限制水位至正常蓄水位之间的库容为"防洪库容"。为保证三峡工程"防洪"这一首要任务，三峡水库内的水位每年都要有规律地升降。在汛期（6—9月），水库一般维持在防洪限制水位，以留出防洪库容调节可能发生的洪水；当入库流量可能对下游安全造成威胁时，水库拦蓄洪水，水位抬高。洪水过后，水库又将水位及时降低至防洪限制水位，以迎接下一次可能发生的洪水。水位145米时水头低，电站机组无法发挥发电的最大效益。因为三峡工程的首要任务是防洪减灾，发电兴利等功能是次要的，所以在汛期来临之前，为最大限度地容纳洪水，要将水位降至145米，腾出库容迎接洪峰，保证下游人民生命财产的安全。虽然三峡工程的发电效益需服从防洪这一社会效益，但两者并不是完全对立的，通过对水库进行科学调度，一方面拦洪错峰，减轻下游防洪压力；另一方面通过水情预报，合理利用拦蓄的洪水发电，可以协调三峡工程诸多效益的关系。

针对工作重心和上游来水的不同，三峡水库在调度方面也会各有侧重。在水位消落期，优化安排梯级水库消落次序，实现梯级水库综合效益最大化。在汛期，积极开展梯级水库联合防洪优化调度工作，提高汛期发电水量利用率及机组利用水头。在蓄水期，通过汛末预报预蓄、提前蓄水等措施，开展梯级水库联合蓄水优化调度，确保发电、蓄水两不误。

多年来，三峡电站发出的强大电流源源不断地输送至华中、华东和南方等省市，为长江经济带发展提供了强劲动力，为国家和社会经济发展提供了

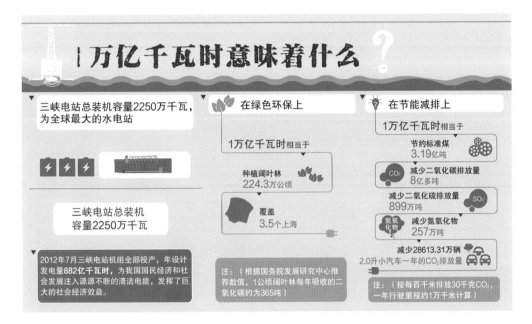

重要的能源支持，为国家节能减排、环境保护作出了突出贡献，显现了巨大的社会效益和经济效益。

▲ 1万亿千瓦时的意义

三、航运作用

长江是横贯我国中部地区东西方向的一条重要且繁忙的交通运输线，在全国交通网中占据关键地位。新中国成立初期，长江航道几乎处于瘫痪状态。之后国家加大对水运的投资，长江内河运输逐渐恢复，成为连接我国东中西部区域经济发展的水运大通道，是沿江省市经济发展的重要依托。

改革开放极大地推动了长江内河航运的发展，干线货运量不断攀升，1980 年长江货运量比 1975 年增长 77.6％。2000 年干线年货运量为 4 亿吨；2003 年航闸试通航以后，货运量逐年上升，2008 年超过 12 亿吨，是 1978 年的 29 倍，相当于 18 条京广铁路的年货运量；2010 年干线货运量达 15.02 亿吨，是 2000 年干线货运量的 376％，占长江 9 省（直辖市）

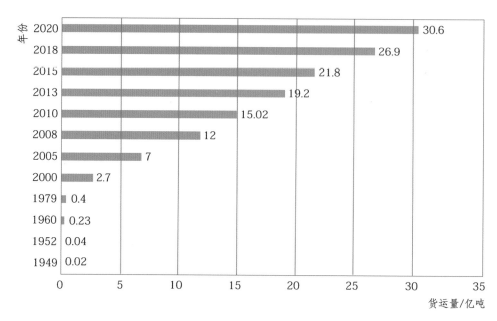

▲ 长江干线历年货运量

2010年水路货物运输量（18亿吨）的83.4%，是欧洲莱茵河的5倍、美国密西西比河的3倍，堪称世界上货运量最大的通航河流。2020年长江干线货物通过量突破30亿吨，较2010年翻了一番，再创历史新高。

长江上游，四川宜宾—湖北宜昌河段（长1030千米）的航道被称为"川江"，该河段自古就是沟通西南与华中、华东的唯一水上交通运输线。重庆—宜昌660千米的川江航道内，有激流险滩139处、绞滩站24处、单行控制航段46处，复杂的水流条件和急流险滩也使得川江"自古不夜航"，通航能力受到很大限制。虽然政府不断投资，用于改善川江航运条件，但受到技术及经济条件的限制，直至20世纪90年代，通往四川以及西南地区的航运条件仍不能得到根本改变。

长江虽然有着"黄金水道"的美誉，但在三峡水库蓄水之前，这条黄金水道的价值仅仅体现在长江中下游，上海到武汉能通行5000吨级的船舶和万吨级的船队，但在湖北宜昌以上通航能力却非常有限。险恶的通航条件成为这条黄金水道的瓶颈，制约着长江航运潜能的发挥，也制约着西南地区的经济发展。

2003年三峡水库蓄水后，库区100多处主要险滩被淹没，加之航道整治工程的实施，库区通航条件得到了极大改善，大部分单行控制河段被取消，绞滩站全部被撤销。重庆—宜昌河段水深为4.5米以上的航道长达548千米，5000吨级单船和万吨级船队可从坝前直达重庆港。三峡水库的调节作用使得下游枯水期最小流量由3200米^3/秒提高到5500米^3/秒，从武汉到重庆，机动散货船枯水期和汛期上行通航时间分别为135小时和175小时，较船闸建设前缩短了约1/3。航道通航条件改善后，加上三峡库区水上搜救体系的完善、应急救助站点的建立等管理措施的实施，船舶运输的安全性大大提高。试验性蓄水期间，船闸未发生两线船闸同时停航等责任事故，实现了"安全、高效、畅通"的通航目标。

▲ 三峡工程航运建筑物

知识拓展

三峡船闸货运量突破 16 亿吨

截至 2021 年 6 月 18 日，世界上规模最大的内河船闸——三峡船闸累计过闸货运量突破 16 亿吨。

投入运行以来，三峡船闸过闸货运量逐年递增，2011 年首次突破亿吨，提前 19 年达到设计能力。2014—2020 年连续 7 年货运量突破亿吨。截至 2020 年 12 月，三峡河段已安全通过 90.51 万艘次船舶、15.42 亿吨货物、160.09 万人次旅客，货物通过量年均增长 11%，有力地推动了长江经济带的发展。三峡枢纽河段连续 9 年实现"零死亡、零沉船、零污染事故"。

四、其他作用

1. 水资源高效利用

三峡水库蓄水至 175 米后，对应库容 393 亿米^3，已成为我国重要的战略性淡水资源库。截至 2020 年 8 月底，三峡水库为下游补水总量达 2894 亿米^3，累计补水 2267 天，相当于 10 个鄱阳湖的蓄水量。其中，2011 年为应对长江中下游百年一遇的严重旱情，三峡水库为中下游抗旱补水 54.7 亿米^3；2014 年为应对长江入海口咸潮入侵，三峡水库应急补水 17.3 亿米^3。通过三峡水库调度运用，提高了水资源综合利用水平，保障了长江中下游供水安全。

▲ 三峡船闸

2. 生态与环境保护

三峡工程可有效减免洪水灾害对长江中下游生态与环境的严重破坏，避免洪水带来的瘟疫、传染病的传播和蔓延；经过三峡水库调控后，枯水期最小下泄流量由 3500 米³/秒提高到 6000 米³/秒以上，改善了中下游水生态环境，减少了长江口咸潮入侵上溯长度和入侵时间；三峡电站累计产生的绿色电能，相当于节约 3.9 亿吨标准煤，减少排放 10.4 亿吨二氧化碳、1100 万吨二氧化硫以及大量废水和废渣，为国家构建清洁低碳、安全高效的能源体系，为建设美丽长江、美丽中国作出了新的贡献。

◎ 第三节 三峡工程中的科技创新

三峡工程，规模之大、技术之复杂，堪称世界之最。如此庞大而复杂的工程，靠"苦做硬扛"，搞"人海战术"，显然是行不通的。三峡工程走的是集成创新的道路。它采用了世界上最先进的技术和设备，引进、消化、吸收、再创新，贯穿三峡工程建设的全过程，最终创造了 112 项"世界之最"、形成了 934 项发明专利、制定了 135 项《三峡工程质量标准》，取得了丰硕的科技成果，引领了水利行业发展，为我国从水利水电大国向强国跨越，发挥了丰碑式的作用。

▲ 灯火通明的三峡大坝

一、三峡大坝——特大型挡水泄洪建筑物

三峡工程质量优良，专家认为一方面得益于工程精细的管理，另一方面在于工程建设过程中的科技创新。三峡工程针对建筑物布置、泄洪布置及消能设计、混凝土施工技术等难题，运用了大量最新的工艺和技术，使大坝混凝土浇筑技术达到国际一流水平，也让三峡工程成为集大成的创新性工程。

1. 优秀的枢纽建筑物布置格局

面对坝址处水流量大、地形地质条件复杂、河道弯曲等诸多限制因素，三峡工程建设者们提出了在河床中部布置泄洪坝段、两侧布置厂房坝段、两岸山体布置通航建筑物和地下电站，在主要建筑物之间布设排沙和排漂设施的枢纽总体布置方案，以适应泄洪、防洪、导流流量大、排沙任务重、上游水位变幅大等多重世界性挑战，堪称完美的枢纽布置格局。

▲ 长江三峡水利枢纽布置示意图

2. 创造性的泄洪布置及消能设计方案

针对三峡大坝泄洪水头高、泄流量大、排沙量多、三层泄洪孔运行条件复杂及上游水位变幅大等难点，在泄洪坝段布置了三层泄洪孔，采用"平面相间、高低重叠"型式的河床泄洪方案；在泄洪孔口的体形选择和水力学设计中，成功解决了高速水流下孔口抗空化及防泥沙磨损、下游水力学衔接、消能防冲和结构受力等关键技术问题。

3. 综合性的坝基深层抗滑稳定处理措施

三峡大坝左、右岸厂房部分坝段位于临江岸坡上，坝基存在一条倾向下游的地质裂缝，这就使得工程在这个方向上的稳定性成为了需要研究和解决的问题。对此，创新提出了用多种形式来联合受力，比如在工程坝踵处设齿槽用咬合的方式增加稳定性、大坝基础深层处设置排水设施、调整结构使厂坝联合受力、在不稳定受力处安装预应力锚索来预防加固等综合措施，成功解决了岸坡坝段的深层抗滑稳定难题。

4. 新型的混凝土原材料与配合比

针对大坝混凝土浇筑的气泡、错台、漏浆、蜂窝等"常见病"，三峡工程在国内率先将工程本身开挖出的花岗岩破碎后用作混凝土人工骨料，首次利用性能优良的一级粉煤灰作为混凝土掺和料，研究提出高性能混凝土配合比设计新理念，形成大坝混凝土配制新技术，研制具有高耐久、高抗裂、且施工性能优良的高性能混凝土，综合技术措施纳入行业标准。

5. 创纪录的混凝土浇筑方案

混凝土浇筑方案和配套工艺是大坝混凝土施工的关键。三峡工程混凝土工程量巨大，总混凝土量达 2800 万米^3，其中大坝混凝土 1600 万米^3，高峰施工强度需要一年浇筑混凝土逾 500 万米^3。为满足混凝土特高施工强度，三峡工程开发了一个崭新的大规模混凝土施工系

▲ 三峡工程右岸大坝混凝土浇筑

统和一整套保证质量的施工工艺，首次实现塔带机、门塔机、缆机三类浇筑机械联合作业，创造了年浇筑混凝土548万米^{3}的世界纪录，连续3年刷新世界混凝土年浇筑量纪录，大坝混凝土质量也总体良好。

6. 创新的混凝土温控防裂技术

大体积混凝土温控防裂是大坝施工的"老大难"问题。三峡施工中首创了混凝土骨料二次风冷技术。盛夏时将拌和楼生产出的混凝土全部预冷到7℃，并对高标号混凝土进行"个性化"通水冷却；创造性地制定出"天气、温度控制、间歇期"三项预警制度，保证了混凝土温控各个环节的质量。工程施工中，右岸大坝没有出现一条裂缝，创造了世界水电工程界的奇迹。

二、三峡升船机——全球最大"超级电梯"

2016年9月18日，三峡工程的收官之作、世界上最大的升船机——三峡升船机启动试运行。三峡升船机是目前世界上技术难度最高、规模最大的垂直升船机，也是我国第一座齿轮齿条爬升式升船机。三峡升船机建成前，全球提升重量最大、提升高度最高的升船机是比利时斯特勒比升船机，其过船规模为1350吨级船舶，最大提升高度73米。三峡升船机的过船规模为3000吨级船舶，连船带水最大提升重量1.55万吨，最大提升高度113米。

▲ 船舶通过三峡升船机

　　三峡升船机预估年通过量 1800 万吨。单从运力上看，与永久船闸过亿吨的通过量相比微不足道。故而方案设计论证时，出现了是否有必要花大力气建设升船机的质疑。

　　三峡升船机的设立初衷，是为了让客船和特种船舶与其他普通船舶分流过坝，提升过坝人员、物资和枢纽自身的安全。船闸闸室消防安全是航运界一个国际难题，其难度远高于升船机承船厢里的消防难度，升船机两边墙上每隔 3.5 米的高度就有一个安全通道，人员逃生更容易、快速。若能实现客船、特种船舶分流到升船机，会大大降低三峡双线五级船闸这个过坝大通道的安全风险系数。另外，升船机正常升降速度 0.2 米 / 秒，单程船舶行驶和"翻坝"时间仅需 37 分钟，仅为此类船舶通过永久船闸过坝时间（约 4 小时）的 1/6。因此，升船机的建设不仅能为三峡工程提供客轮过坝的快速通道，而且也提高了通航调度的安全保障水平。

　　三峡工程的重要性和社会影响极大，必须确保升船机在任何情况下都能安全运行。20 世纪 70—80 年代，钢丝绳卷扬全平衡垂直升船机是国际上主流的升船机型式之一，比利时的斯特勒比升船机、我国建造的升船机——闽江水口升船机以及丹江口升船机、隔河岩升船机均是这一型式。相较于钢丝绳卷扬升船机，齿轮齿条爬升式升船机可以在船厢水漏空、地震等极端情况下，承船厢出现不平衡载荷时自锁，从而克服钢丝绳卷扬方案中承船厢可能因不平衡力发生倾覆的问题。三峡升船机最终采用了更为安全的齿轮齿条垂直爬升式升船机。

　　升船机提升的船只有 3000 吨，但船必须放在

▲ 三峡工程承船厢

一个"水池子"里（这个"水池子"叫承船厢），所以升船机就需要同时提升船只和承船厢，提升重量达到1.55万吨。

升船机通航水流条件复杂。上游航道最高、最低通航水位相差30米，下游航道最高、最低通航水位相差11.8米。长江作为我国黄金水道，要求升船机必须高效运行，年平均工作335天，每日工作22小时，平均日运转18次。

三峡升船机布置在枢纽工程的左岸，双线五级船闸的右侧。其核心建筑是上闸首、下闸首、承重塔柱。高达146米的承重塔柱支撑着承船厢及平衡重共3.1万吨的重量，支撑着承船厢最高113米的垂直升降。

升船机的承船厢为钢结构，作为船舶进出承船厢通道的上、下闸首为整体式U形混凝土结构。上、下闸首皆设有一道可翻转的卧倒门，关闭时阻隔上、下游航道里的水体，卧倒打开时船厢与上、下游航道的水连为一体，航道贯通。

承船厢外形尺寸132米×23米×10米（长×宽×高）。升船机的主要机电设备如驱动系统、船厢门及其启闭机等皆安装在船厢上。承船厢上下行走的齿轮、对接锁定安全机构的短螺杆安装在承船厢的两侧，承船厢弧形工作门以及闸首与承船厢的间隙密封装置安装在承船厢上、下游两端。

三峡升船机为上、下双向通行，其上行、下行工作流程一致。以上行为例，升船机设备的动作及船舶的移动依次为：船厢下降至船厢水位与下游航道水位齐平位置停靠下来，伸出安装在船厢下游端的间隙密封机构顶紧下闸首工作门，向船厢工作门与下闸首工作门之间的间隙充水，下游端船厢弧形门与下闸首卧倒门打开，船厢水域与航道水域连通，船只进入承船厢。然后，船厢门和下闸首卧倒门关闭，开启船厢间隙泄水系统，下游间隙密封机构退回，船厢对接锁定的上、下锁定螺杆复位，与螺母柱脱开。

驱动机构启动，齿轮沿齿条爬行，船厢以 0.2 米／秒的速度匀速上升。与此同时，驱动机构驱动安全机构、对接锁定机构的螺杆沿螺母柱空转，同步运行；当船厢运行至上游航道水位时，船厢停车，船厢对接锁定机构动作，上、下锁定螺杆与螺母柱接触，上游间隙密封机构伸出与上闸首工作门对接，间隙充水至与上游水位齐平，闸门开启，船厢水域与上游引航道水域连通，船只驶离船厢。单程通过时间约为 37 分钟。

5 年来，三峡升船机安全稳定运行，共运行 2.2 万余厢次，通过船舶 1.46 万余艘次，运送货物 681.86 万余吨、旅客 46.72 万余人次，客运量、货运量、通过船舶艘次数呈稳步上升趋势。

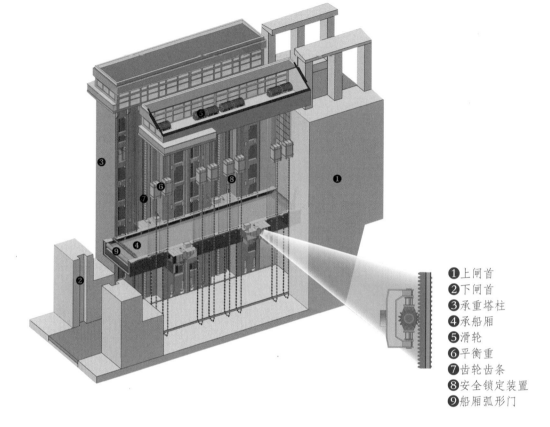

❶上闸首
❷下闸首
❸承重塔柱
❹承船厢
❺滑轮
❻平衡重
❼齿轮齿条
❽安全锁定装置
❾船厢弧形门

▲ 升船机主体结构及功能
（引自《科学世界》2017 年 5 月刊，第 30 页，李浩绘）

第三章

永葆母亲河的活力生机

◎ 第一节 黄河的调水调沙枢纽—— 小浪底工程

"君不见，黄河之水天上来，奔流到海不复回。"这是李白在《将进酒》中的首句，这句话也从正面描述了黄河之水的汹涌激进，如从天上倾泻而下的水，一路不停歇地奔流向大海。黄河流域是中华文明的发源地，她孕育了我们一代又一代的先辈，故此也得名"母亲河"。

母亲河源于青海省的巴颜喀拉山脉，一路浩浩荡荡流经 9 个省（自治区），全长 5464 千米，最终汇入渤海。古籍中便有记载"黄河斗水，泥居其七"，由于黄河中游经过黄土高原，同时中游汇入黄河的支流也会带来大量的泥沙，使得黄河是世界上含沙量最高的河流。经测量，黄河每年平均携带有 16 亿吨的泥沙，这么多的泥沙并不利于黄河的长治久安。在流速较为缓和的下游，泥沙会在河床中淤积，河床逐年抬高，黄河下游河段河床的床面高出地面 3 ~ 4 米，最高的地方可达 10 米，好似一段悬在地面之上的"悬河"，一旦决堤，洪水将一泻千里，给下游带来灭顶之灾。如果不治理好黄河的泥沙问题，下游人民的生命和经济发展将会一直受到严重威胁。

为了减少黄河中的含沙量，一项浩大工程顺势孕育而出——小浪底水利枢纽工程（以下简称"小浪底工程"）。工程从策划到建造经历了漫长的过程，但它的建成是漫长黄河治理之路的一个里程碑。

▲ 小浪底水利枢纽工程全景

小浪底工程位于河南省洛阳市以北40千米，黄河中游峡口最后一段的出口。主坝最大坝高160米，坝顶高程281.00米，正常蓄水位275.00米，库容126.5亿米^3，总装机容量180万千瓦。其控制流域面积达69.4万平方千米，占黄河流域面积的92.3%，是黄河干流三门峡以下唯一一个能够取得较大库容的控制性水利枢纽工程。

一、小浪底的规划和兴建

1986年5月，由中国科学院、清华大学等14个单位的50多位专家组成的规划、水文泥沙、地质、施工和经济等多个专业评估组正式成立，经过3个多月调查研究、核实资料、专题讨论，多数专家认为，从整个治黄规划看，兴建小浪底工程是其他方案难以代替的关键性工程，它的社会经济效益是显著的。1986—1991年，有关专家反复探索和论证它在技术上的可行性和可靠性，直至相关问题得以解决后，小浪底工程才开始了前期工程的开工建设。

1.数十载的齐心协力

1991年4月9日，小浪底工程被批准在"八五"期间动工兴建。小浪底工程的前期任务非常艰巨，在大坝未建设以前，坝址区域附近未通公路。崎岖又泥泞的山路以及潮湿的岩壁给勘探人员带来了重重困难。然而这并没能阻挡人们将大坝在这里建起来的决心。尽管条件非常艰苦，但在短短的几个月内，小浪底水利枢纽建设管理局仍然招募到了23支施工团队以及1万余名水电建设职工，开始了通电、通水、通路和平整场地（即"三通一平"）的

▲ 小浪底大坝联合机械化
作业施工场景

前期准备工程。他们靠着双手为之后小浪底工程的建设打下了坚实的基础。

1994年工程正式开工。当时我国经济仍处于快速发展阶段，国家一时间无法调动大量资金用于小浪底这样浩大的关键性水利工程的建造，因此当时我国向世界银行贷款10亿美元，由此解决了工程资金问题。

由于向世界银行申请了贷款，小浪底工程的施工实行面向全球的工程团队招标，来自50多个国家的700多家承包商通过竞标云集于小浪底，共同建设这个黄河上至关重要的水利工程。因为小浪底建筑结构的复杂多样，它的工期由此显得十分紧张，需要在三年时间内完成60%的建筑任务，建造过程充满了坎坷。在最紧急的关头，中国水电一局、三局、四局和十四局临时组建OTFF团队，承接了当时与导流洞及截流有关的工程任务，自行购买了近5000万元的施工设备并根据当时的情形改变了施工策略，采用多面同时作业的方式，在极短的时间内完成了大量工作。最终在1997年9月28日，如期完成了小浪底工程的截流任务，向外国施工团队展示了中国实力。

作为利用世界银行贷款兴建的特大型水利枢纽，也是我国利用世界银行贷款数额最大的工程项目，小浪底工程必须按照世界银行的规定进行管理，为此，工程引进了国外先进的管理模式，全面推行业主负责制、建设监理制、招标投标制，建立了一套适合小浪底工程的高效管理体制，为促进我国水利建设制度的改革起到了积极的推进作用。

2. 施工日子里的蓝天白云

小浪底工程也是我国率先将环境保护条款列入工程合同中的一个项目。"上管天，下管地，中间管空气"，施工期间的空气、噪声、尘土、垃圾……无不都在环境管理的范围之内。黄河水利委员会为此还专门派出了12位相关的环境监测工程师，依据《中华人民共和国环境保护法》和当时所制定的环境保护条款，对小浪底工程的环保措施及时作出评估和审查，按时提交日报告和月报告以及半年一次的环境监理报告。

为了最佳的空气治理，小浪底工程的施工现场做好了充足的防尘防灰工作，在料场取土时，必先洒水，并且在必要时采取人工降雨的方式，最大限度控制扬尘。从料场到施工现场的16.5千米的公路也全部采用了平整宽敞的泥结石路面，在晴天的时候不起灰、雨天的日子不起泥。

3. 告别噪声的烦恼

如今住在工地旁的人们常常抱怨施工现场机械的轰鸣，大型施工机器不分昼夜地喘着"粗气"，卖力地喊着"号子"。但是在小浪底工程的施工现场，就鲜有人会感觉到噪声所带来的困扰。起初为了控制噪声，避免干扰500米外小学的正常授课，施工方在工地与小学之间建起了消音墙，但效果并不是十分理想。为了进一步控制噪声，施工人员用厚厚的隔音材料包裹起了重型机器。尽管噪声得到了更好的控制，但其还是未达到合同上所规定的噪声限

▲ 小浪底水利枢纽施工场景

小贴士

小浪底水库多年平均流量为 1342 米³/秒，平均输沙量为 13.51 亿吨。当水库达正常蓄水位 275 米时，相对应的库容量有 126.5 亿米³，其中含淤沙库容 75.5 亿米³。小浪底大坝设计洪水标准为千年一遇洪水，校核标准为万年一遇。虽说小浪底工程的主要目的是防洪、减淤，不是发电，但其总装机容量也有 180 万千瓦，多年平均年发电量为 51 亿千瓦时。

度。最终经各方协商，决定出资将学校搬迁至几千米以外的地方。小浪底是一座利民工程，施工团队考虑的不仅仅是小浪底完工之后人们的生活可以得到有效的提升，在施工的时候也不能打扰到附近人民的正常生活。

4. 施工人员安居乐业

过去，施工是一件十分艰苦的事情。施工工作的繁重，加上工地艰苦的生活条件，一线的工人们往往都非常辛苦。但在小浪底工程的施工现场，完全呈现出了不一样的景象。生活区房屋的后方，垃圾桶整齐地排列，有专门人员按时清理；医疗垃圾会被运到指定地点焚烧。生活区再无垃圾腐烂带来的臭味。到了蚊、虫、老鼠肆虐的夏天，工地上还会按时适量用药，最大限度地控制"三害"给施工人员带来的影响，为人民健康保驾护航。厕所的卫生也往往是工地容易忽视的一点，而在小浪底工程的施工地，所有的公厕一律采用抽水设计，每天都会有抽粪车来回工地，将排泄物清理干净，并进行无公害处理。

小浪底工程是我国第一次在大型工程上与多个国家的施工人员共同协作完成，在整个施工过程中，既充满了坎坷与艰辛，也收获了先进的理念、方法和经验。在所有人的共同努力下，小浪底工程顺利地按时完工了。2000 年 1 月，小浪底的首台发电机组并网投入运行。2007 年 4 月，历经 14 年的小浪底工程迎来了全面竣工与验收。

知识拓展

小浪底建成时之最

1. 中国最大的堆石坝

小浪底大坝为黏土斜心墙堆石坝，坝高 154 米，是当今我国已建成的体积最大（5158 米^3）、基础覆盖层最深（81 米）的土质防渗体当地材料坝。

2. 最密集的洞室

小浪底大坝为满足特殊的泄水要求，采取了高孔泄洪，底孔泄沙的泄洪泄沙方式。所以在大约 1 平方千米的左岸山体内，密密麻麻地布置了 108 个泄洪及冲沙洞室群，在建成时是世界坝工史上最密集的洞室，它们各司其职，保障整个大坝的安全运行。

▲ 小浪底大坝洞室群

3. 最大、最集中的消力塘

小浪底大坝下方是一个宽 356 米、长约 210 米、最深处达 28 米的消力塘，保证了能对从大坝上倾斜而下的十股以上的水流进行统一的消能，是建成时世界上最大最集中的消力塘。

二、小浪底大作用

与其他大型大坝工程不同的是，小浪底工程的主要目的是为了防洪、减淤，并兼顾供水、灌溉和发电等一系列功能。为此小浪底工程区别于其他大坝，有很多特别的设计。

小浪底工程的建设绝非一件容易的事，因为黄河的高含沙量，以及特殊的地形限制，工程师们针对小浪底工程的特殊情况进行了约400多项科学实验，针对多泥沙河流的水工建筑物布置、水库泥沙淤积及调水调沙运行方式优化等开展了众多的物理模型试验及数学模型研究，才研究出了一套最适合小浪底工程的设计方案。

1.防汛防凌表现优秀

黄河不仅是我们的母亲河，自古以来，它也是一条肆虐的"黄龙"，横穿我国北部。自先秦一直到民国时期的2500多年内，黄河河堤溃坝1590次，河流改道26次，给黄河两岸及周围群众生命财产造成巨大损失。小浪底工程的建设，无疑是给这条"黄龙"上了一把枷锁。工程建造的初衷，防洪防灾就是其首要目的。为了达到调控流量的目的，水库每年都会预留出约90亿米^{3}的防洪库容。并且根据洪水不同来流情形合理地采取蓄洪、削峰和错峰的运作方式，将黄河下游的防洪标准从建库前的不足60年一遇，提高到可以预防千年一遇的洪水。

黄河流域位于我国秦岭淮河以北，属于温带气候。每年冬天的平均气温都在0℃以下。河水在这种温度下极其容易结冰，特别是黄河下游河道弯曲，有一段河流是从南往北流，这样处于较为温暖的上游南部河段尚未结冰、仍在流动，而处于下游寒冷的北部河段已先结冰，将会阻碍上游水流的行进，致使在黄河河段形成冰塞、冰坝，轻则使河道流量减少，重则可以阻塞河道，甚至形成冬季凌汛洪水导致决口。以前国家为解决这一问题一般都采用炸药爆破或者大炮炸毁冰坝的办法，不仅花费大量人力物力，还存在着极大的安全隐患。如今，小浪底工程每年都会预留 20 亿米^3 的防凌库容，通过凌汛期合理调度水库运行方式，防止或减少下游河道冰塞冰坝的形成，保证下游河道的凌汛安全。纵使到了寒冬腊月、冰封三尺的日子，小浪底工程也能保证下游有充足的水资源来度过整个冬天，下游 190 万群众以及 340 万亩良田有了充足的用水保障。

2. 调洪调沙能力突出

建造小浪底工程另一个重要目的就是调节管理黄河的洪水及泥沙。黄河每年来沙 16 亿吨，其中约有 1/4 的泥沙会因下游流速减慢而淤积在河床里。这便导致河床里的泥沙越来越多，河床平均每年抬高约 10 厘米，久而久之便形成了地上悬河。黄河河床的高度已经高过了附近一些城市的地面。如果黄河溃堤，后果将不堪设想。

在小浪底工程建造完成之后，泥沙淤积的情况得到了极大的改

▲ 小浪底工程调水调沙时的壮观场景

善。1999 年，小浪底工程下闸蓄水时，采用的是调度设在不同高程的泄洪及排沙洞室，通过对下泄水量及沙量的合理配置、拦粗排细调水调沙的运作方法，减少泥沙在水库及下游河道的淤积，此方法一直沿用至今。2002—2013 年共进行了 14 次调水调沙作业，大大减少了泥沙在水库中的淤积，延长了水库的使用寿命，使泥沙下游河道的淤泥沉淀状况也得到了极大的改善。河道由大坝未建前的淤积抬高，变成了冲刷下切。直到 2013 年，相较之前的下游河道，如今主河槽平均下降了约 2.03 米，其卓越的滞沙拦沙功能有效地缓解了下游泥沙淤积造成的悬河状况。河道变深了，过洪的能力也随之增强了，如今黄河下游的过洪能力从建小浪底之前的 1800 米³/ 秒增至 4100 米³/ 秒，能力翻了两倍多，大大提高了下游的防洪标准。

3. 水力发电清洁有力

尽管发电并不是小浪底工程建设的主要目的，小浪底水电站采用的是"电调服从水调"的运作方式。但从第一台发电机组投入使用至 2013 年，小浪底水电站累计发电 617 亿千瓦时，相当于节约 2263 万吨标准煤、减少 7351 万吨的碳排放。促进了新型清洁能源的发展，缓解了河南当地电网供电紧张的问题，促进了当地的经济发展。

为了应对黄河多泥沙的特殊水文条件，针对发电机也做了特殊的设计，采用了抗磨水轮机，同时喷涂了全新的抗磨涂层。新

▲ 小浪底水电站地下厂房

材料、新技术的运用，更好地保障了小浪底水电站在汛期时的发电安全。发电效力为黄河周围提供了充足的电力来源，为地方创造了巨大的经济效益。

4. 保障下游供水充足

我国的水资源在时空上分布非常不均匀，不仅表现在季节上的夏天多冬天少，同时在地理位置环境上，北方一直存在水资源紧缺的问题。小浪底工程的建设，有效地缓解了这样的局面，极大地改善了下游水资源因季节分布不均的问题。自水库开始运行以来，先后多次调水救济周围省份。通过小浪底工程多次实现了跨流域调水，解决干旱的燃眉之急。小浪底工程的"调水"保障了黄河下游5400万亩良田的灌溉用水，缓解了沿黄河城市用水紧张的问题。

2008年10月至2009年2月，黄河下游地区曾发生过特大干旱。小浪底工程先后13次向下游调水，在短短的四个月内，小浪底工程向下游泄水共31.63亿米³，补水9.87亿米³，缓解了河南以及山东沿黄河城市的用水困难。2011年春季，黄河流域多个城市发出了干旱的警报，小浪底工程向下游三次加大下泄流量，由原来的300米³/秒增加到900米³/秒，共计下泄水量13.64亿米³。

（1）曾经一年断流226天。"黄河之水天上来，奔流到海不复回"。在国人心目中，千百年来，黄河应该是滔滔不绝，奔流入海。让人想不到的是，在20世纪，这条母亲河却频

▲ 黄河断流情景

> **小贴士**
>
> **黄河已实现连续22年不断流**
>
> 黄河小浪底工程的建成有助于下游水资源的有效管理，截至2021年8月，黄河下游实现连续22年无断流，彻底改变了过去万里长河断流频繁的局面，为世界江河治理与保护、人与自然和谐共生提供了范例。

▲ 黄河大堤开封段

繁遭遇断流，就像母亲没有了乳汁。据统计，1972—1997 年的 26 年间，有 20 年出现黄河干流断流，几乎平均每 5 年断流 4 次。1987 年后，更是连年频繁出现断流，并且断流时间提前，范围不断扩大。1997 年终于爆发了迄今为止最为严重的断流，当年断流河道上延至开封附近，断流河段长达 702 千米，占黄河下游河道总长的 90%，断流时间 226 天，刘家峡、三门峡水库开闸放水也未能阻止断流。频繁断流直接影响沿黄河城乡生产生活，河道萎缩进一步加剧，河流自净能力降低，生态系统失衡，同时还造成严重的经济损失。1998 年年初，中国科学院、中国工程院 163 名院士联名呼吁"行动起来，拯救黄河"。

（2）下游用水增加导致断流。黄河断流的主要原因是天然水资源贫乏、工农业生产及人均用水日益增加、缺乏科学管理。由于气候原因，20 世纪末黄河流域降水量明显减少。1919—1975 年，黄河流域多年平均降水量为 476 毫米；1986—2000 年平均降水量降为 398 毫米，天然径流量随之减少，黄河来水不足。

随着改革开放，经济快速发展，黄河流域和下游工农业用水迅速增加，这是造成下游断流的主要原因。本来就缺水的黄河，以占全国 2% 的河川径流量，养育了全国 12% 的人口，灌溉了全国 15% 的耕地，支撑了全国 14% 的国内生产总值。

当时小浪底工程尚未投用，黄河干流上调蓄能力较大的龙羊峡、刘家峡水库，都位于兰州以上河段，距离下游 3000 多千米，下泄水流到下游需要近 1 个月，远水难解近渴。再加上缺乏统一的水资源调度和管理体制，一旦遇到枯水年份，沿河各地通过引水工程争抢引水，造成下游断流日趋严重。

（3）多措并举保畅流。进入 21 世纪后，黄河流域降水量有所增加，小浪底工程投入使用，黄河水量统一调度之后，河水开始长流。

1987 年，国务院批准南水北调工程生效前黄河可供水量分配方案，该方案的批复使黄河成为我国大江大河中首个进行全河水量分配的河流。根据国务院授权，黄河水利委员会从 1999 年 3 月正式实施黄河水量统一调度，这在我国七大流域中首开先河。

自小浪底工程建设完成之后，充分发挥了水库调度水资源的巨大作用，加之实施了严格的水资源管理，1999 年 8 月 12 日之后，黄河干流再未出现断流。截至 2021 年 8 月底，黄河已经连续 22 年未曾断流，并且黄河的下游湿地开始慢慢形成，大大改善了下游地区的生态环境。

22 年来，小浪底水库年均蓄水达到 109 亿米^3，巨大的库容让汛期大量洪水留在库中，到冬季枯水期再平稳下泄，保证了下游冬春季节的灌溉用水，也为黄河 22 年不断流发挥了关键作用。

河水长流、生机勃勃的黄河形成了一条生态廊道。22 年来，黄河三角洲自然保护区湿地水面积占比由原来的 15% 增加到现在的 60%，自然保护区鸟类增加到 368 种。久违的洄游鱼类重新出现，河口三角洲

▲ 黄河三角洲自然保护区湿地水面积占比由 1999 年的 15% 增加到 2021 年的 60%

再现草丰水美、鸟鸣鱼跃的动人景象。

小浪底工程设计、建设与管理的成功实践，开世界上在多泥沙河流上成功建设大坝的先河，为以后的水利工程技术发展提供了指导，是我国水利水电建设史上具有划时代意义的里程碑。2009 年，小浪底工程获得"堆石坝国际里程碑工程"奖。同时，它的建设过程也给予了我国水利工程师们许多与国际工程接轨的经验。

小浪底工程建成之后，一改以往黄河下游的状况。水库成为了我国一个新的 4A 级旅游景点，享有"小千岛湖"盛誉，每年都吸引了大量的游客前来观光旅游。

◎ 第二节 黄河第一坝——龙羊峡工程

翻过日月山，穿过一片大草原，就进入了我国青海省海南藏族自治州共和县内一个史诗般的大峡谷——龙羊峡。龙羊峡位于黄河的上游河段，也是黄河流经青海平原进入黄河峡谷区的第一个峡谷，号称我国的"科罗拉多"。龙羊峡中"龙羊"的发音是由藏语音译而来，在藏语中它有险峻沟谷之意。就像它的名字，龙羊峡峡谷全长 30 余千米，而其峡口宽仅 30 米。峡

▲ 龙羊峡水电站工程位置示意图

谷两边皆是高约 200 米的花岗岩，每一处无不凸显出一个"险"字。就在这如大刀阔斧劈开的峡谷入口处，坐落着一座有着"黄河第一坝"美称的龙羊峡水电站工程（以下简称"龙羊峡工程"）。

关于龙羊峡地区的故事可不是在有这座工程之后才开始的。依据这里出土的大量文物来看，早在旧石器时代，我们的祖先就已经开始在这里生活。从那时候起，人类智慧的火焰就不曾在这片大陆上熄灭。西汉平帝元始五年（公元 5 年），权臣"安汉公"王莽为了推崇"四海一统"，在龙羊峡地区建设了曹多隆古城。公元 5 世纪，吐谷浑王建设了树都城，如今又称为菊花城。再到后来北周、唐王朝，我们的祖先都在此地留下过浓墨重彩的一笔。直至 1929 年，共和县设立，龙羊峡踏入了近代文明的行列，"共和县"的名字也从那时起一直沿用至今。

龙羊峡水电站位于青海省共和县与贵德县之间的黄河干流上，是黄河上游第一座大型梯级电站，被称为黄河"龙头"电站。电站装机容量 128 万千瓦，水库设计蓄水位 2600 米，总库容 247 亿米^3，调节库容 193.53 亿米^3，是一座具有多年调节性能的大型综合利用枢纽工程。

一、数十载磨一剑，"龙头"电站终建成

1943 年 7 月，龙羊峡迎来了第一次水利考察。这次考察由当时的国民政府行政院顾问罗德明及其团队组织。1946 年，国民政府组建黄河治本研究团。新中国成立后的 1952 年，由燃料工业部水力发电建设局和黄河水利委员会组成的联合小队，先后对龙羊峡以及黄河上游其他不同流域进行了实地勘察。

▲ 勘测人员在龙羊峡
坝址勘测

在紧接着的 1953 年，黄河水利委员会提出了《治理黄河初步意见》，首次提出了龙羊峡是一个建设高坝水电站的好地方。1955 年第一届全国人民代表大会第二次会议正式通过了龙羊峡工程提议，将龙羊峡列为黄河流域第一梯级水电站，至此，龙羊峡水电站的建设被正式安排上了日程。

虽然已经确定了目标，但是在正式动工之前还有大量的勘探工作需要完成。从 1956 年到 1965 年，北京勘测设计研究院先后 5 次来到龙羊峡，进行了地质和野外勘测。龙羊峡正式动工已经是 1976 年，这一年的 1 月 28 日，国务院正式批准兴建龙羊峡工程。同年的 3 月 1 日，青海省文物管理队组成了调查团，对龙羊峡水库 2610.00 米高程下的淹没区域进行了长达 5 年的文物调查。在这漫长的时间里，考古队共揭露了遗址面积 7565 米^2，清理古墓 344 座，出土各式器具和装饰品共计 23889 件。这些岁月的遗留物再一次向人们诉说了这里曾经辉煌的历史。

为了方便施工，也为了以后龙羊峡地区更好的发展，保证当地基础设施也是不可或缺的一环。湟源县至龙羊峡工地的道路于 1977 年开始施工，对湟源县城至吊庄 35.23 千米的路段进行了拓宽，同时新建了一段从吊庄至龙羊峡总长 61.3 千米的路段。在这之后，有了交通运输做坚实的后勤保障，龙羊峡整体大坝的施工便如火如荼地展开了。

由于地质条件较为复杂，施工方对大坝的坝基进行了特殊处理，仅断层深部特殊处理混凝土一项

就达 75000 米^3，是世界上
坝基处理量最大的大坝之
一。时隔数十年，这座灰色
的巨型建筑已经与周围的崖
壁浑然一体，合力锁抱着黄
河，肖然屹立，充满时代的
厚重感，令人肃然起敬。

▲ 龙羊峡水电站工程截流

工程建设的过程也并非
一帆风顺，突然降临的暴雨
导致黄河水流的急剧变化曾
经给大坝的施工带来过巨大的挑战。1979 年 7 月 4
日，黄河流量从 520 米^3/秒突然猛增至 1840 米^3/
秒。当时负责施工的第四工程局与洪水搏斗了四个
昼夜，最终成功保证了导流洞的安全施工。然而，
挑战并没有因此而结束，1981 年 9 月，黄河上游遭
受了百年一遇洪水的袭击。当时施工局没有放弃坚
持施工，这场没有硝烟的战争持续了 6 天，直至当
月的 19 日取得了决定性胜利，抗灾工作才终于画
上了完美的句号。

1986 年的秋天，龙羊峡水电站按期下闸。到
1987 年 10 月，第一台机组移交给了龙羊峡水力发
电厂并网投产发电，到 1989 年 4 台发电机组全部
投产，自那时起，这 4 台巨型的发电机就一直夜以
继日地工作着，水电站的施工也进入收尾阶段。
2000 年 8 月，《黄河龙羊峡水电站工程竣工验收安
全鉴定报告》终于在广西南宁定稿，宣告了龙羊峡
水电站的安全检测彻底完成。

随着龙羊峡大坝的建成、完工，它就像一把钢
筋和混凝土做成的大锁，将奔腾怒吼的黄河牢牢锁

▲ 龙羊湖与龙羊峡大坝

住，眼前的峡谷变成了碧波荡漾、湖光山影的龙羊湖。而黄河水在出了大坝之后则进入了一个宽约十几米的峡谷，有的地方被岩石遮掩，只露出一小块水域，清澈、碧绿，与周边地貌形成了强烈的反差，完全不似人们想象的奔腾、雄壮的黄色水流的黄河。

龙羊峡大坝由挡水建筑物、泄洪建筑物、引水发电系统和厂房系统四个部分组成。挡水建筑物由混凝土主坝、重力墩以及副坝三个部分组成。主坝采用了混凝土重力拱坝的设计，长 396 米，最大坝高为 178 米，最大底宽（沿水流方向）为 80 米。主坝坝顶高程为 2610.00 米，坝顶宽 18 ～ 23 米。

因为大坝顶端的最高处已经高于峡谷顶部的平面，在大坝与峡谷两岸连接的地方增设了重力墩。重力墩的作用相当于另架设的人工支架，可以帮助大坝将受力分散到山体，进一步增强大坝整体的稳定性。龙羊峡大坝有两座副坝，左岸的副坝与重力拱坝相连接。与主坝类似的是，副坝也采用了混凝土重力坝的设计形式。大坝的泄水建筑物十分复杂，由右岸两个表孔溢洪道、底孔、深孔泄水道以及左岸中孔泄水道组成。每个泄水道都有着不同的泄洪作用，它们各司其职，保证着大坝的安全运行。龙羊峡大坝为在复杂地质条件上建设的高拱坝，代表着我国 20 世纪 80 年代筑坝技术的先进水平。

龙羊峡大坝上距黄河发源地的卡日曲河谷和约

谷宗列盆地 1684 千米，下至黄河入海口 3376 千米，大坝控制的流域面积达到了 13.14 万千米^2。龙羊峡大坝的主要任务是发电，此外还和其下游刘家峡等水库联合运行，承担着龙羊峡下游沿黄 8 省（自治区）的灌溉、防汛、防凌和供水等综合业务，为一座具有多年调节性的大型综合利用枢纽工程。

二、确保安澜不断电，水光互补焕新生

勘探和建设的道路是坎坷的，龙羊峡能有如今的辉煌，与过去的每一位守在工作第一线的设计、施工及运行管理人员有着密不可分的联系。尽管在龙羊峡完成建设的初期仍存在一些当时施工没有注意到的问题，但都被及时解决了。今天的龙羊峡工程，正在变得更加可靠。

1.中国 20 世纪已建库容最大的水电水利枢纽

龙羊峡大坝位于龙羊峡至青铜峡梯级水电站的最上级，一直享有"龙头电站"的美称。大坝装有 4 台 32 万千瓦混流式水轮发电机组，平均年发电量达到 59.42 亿千瓦时，同时兼顾发挥了对周围地区农作物灌溉、汛期的防洪等多项综合效应。

龙羊峡坝址控制流域面积高达 13.14 万千米^2，多年平均年径流量约为 205 亿米^3，多年平均年含沙量约 2490 万吨。水库正常蓄水位为 2600 米，相应库容为 247 亿米^3。龙羊峡的调节库容也是高达 193.53 亿米^3，这意味着龙羊峡大坝几乎可以将上游全年所有来水全部存入水库当中。对下

▲ 龙羊峡大坝泄洪

▲ 坝上形成的水库——龙羊湖

游河流水量的调控起到了至关重要的作用，能够更好地做到旱季时候保证下游有充足的水分，在雨季又可以极大地降低下游洪涝可能造成的损失。龙羊峡水库是我国在 20 世纪建造的库容最大的水库，它是 80 年代水电工程建设水平最高的代名词，不仅因为它是当时库容最大的水电站，同时它也是当时最高的大坝（178 米），发电机组单机容量最大（32 万千瓦）的水电站，在国际上都有着举足轻重的地位。龙羊峡大坝不仅因为其地理位置处于黄河最上游而被称为"龙头大坝"，而且为其带来的声誉、经济效益和对黄河的治理也是处在"龙头"地位。

2.目标蓄水位的达成

龙羊峡工程在设计之初，水库正常蓄水位为 2600 米。由于水库库容大，从 1987 年大坝首台发电机装机算起，共用时 31 年才到达这一蓄水位。大坝的建设始于 1977 年，1986 年 10 月大坝下闸蓄水，等到 1987 年，前两台机组提前投产。在 1989 年的特丰水年，水位首次达到了 2575.04 米。但是在接下来的 1990—1993 年，由于黄河水位连续偏枯，水库的水位一直在 2560 米左右徘徊。直至 2018 年 11 月 6 日，龙羊峡水库第一次达到了其设计的预期正常蓄水位 2600 米。设计师们为了这一时刻的到来，足足等了 31 年，这个时刻是具有历史纪念意义的。目标蓄水位的达标是对龙羊峡水电站枢纽设备，发电机组以及闸门的一次考验，是对龙羊峡工程自 1987 年以来安全性能的一次全面验收，也是对龙羊峡大坝多年对黄河流量起调节作用的肯定。这一水位线的达成也是对当年日日夜夜奋斗在第一线的勘测和施工人员一个最好的回报。他们的勤勤恳恳、尽心尽力，创造出了这一时刻。

3. 世界上最大的水光互补电站

龙羊峡水电站是 20 世纪建成的库容最大的水电站，同时，在龙羊峡大坝旁建有我国首个，同时也是我国规模最大的水光互补光伏电站。区别于一般光伏电站的运行模式，龙羊峡光伏电站是水光互补电站，此类电站能够很好地解决一般光伏电站发电不稳定的问题。

普通单靠太阳能板发电的光伏电站存在随机性、波动性以及间歇性的问题。此类直接并网的光伏电站无法做到长时间地向电网输送稳定的电量。在我国，大部分光伏电站建设在日照充足的西北地区，龙羊峡地区虽然有大量的可利用清洁的光能资源，但是当地的经济建设与发达的东部地区相比仍存在差距。这导致了大量生产出的电量无法被全部利用，人们不得不放弃这些过剩的电力。若遇到阴雨天，或是阳光不充足的日子，光伏电厂所生产出的电量也不能完全满足周围地

▲ 龙羊峡水光互补电站

▲ 光伏电站电子阵

区的用电需求。这些因素都可能会导致光伏电站供电不稳。

水光互补电站便很好地解决了这一系列的问题。水电具有易于调节的优势。当太阳光照射时，用光伏发电，此时，水电停发或者少发电。当天气变化或夜晚的时候，就可以通过电网调度系统自动调节水力发电，以减少天气变化对光伏电站发电的影响，提高光伏发电电能的质量，从而获得稳定可靠的电源。

龙羊峡水光互补电站分为两期，总装机容量达到了 85 万千瓦，是我国首个，也是世界范围内最大的水光互补电站。每年可向全国各地输出 14 亿千瓦时的电量。至 2019 年 8 月底，龙羊峡水光互补水电站总发电量累计达到了 70 亿千瓦时，这相当于节约了发电所用的原煤矿 223 万吨，减少了 600 万吨的二氧化碳排放量，为我国的环保事业作出了巨大的贡献。利用这项技术之后，龙羊峡水电站每年向全国电网输送电量的时间由原来的 4621 小时提升到了 5019 小时，提高了 22.4%。这为以后更多不同类型的新型清洁能源之间的互补提供了宝贵的经验。

光伏电站电子阵降低了阵内的风速和阳光直射率，大大降低了水分的蒸发，土地的荒漠化得到了很好的治理，草地的含水量也得到了提高。在光伏电站附近，采用了滴灌、微喷等节水灌溉技术，种植了大量的优质牧草以及经济作物。库区上方一改以前的尘土飞扬，取而代之的是一株株绿色的精灵在高原上舞动她那婀娜的身姿，向世界展示着她们的生机。

4. 生态担当龙羊坝

龙羊峡大坝的兴建给人们带来了清洁的新型能源，为黄河流域的防洪调蓄也作出了极大贡献。然而，世间万物都存在平衡，当一个新的事物闯入一个本就已经趋近平衡的系统中，整个系统都会随之发生改变。龙羊峡大坝在黄河的上游拔地而起，对于整个黄河水系来说，它是一个全新的存在，这必将给黄河水系带来变化。

河道在陆地、河流生态系统中、物质循环中扮演了通道的角色。然而大坝就像是这些通道上的障碍物，本来畅通无阻的大道上，因此多了些路障。首先，大坝会影响河流的流速，从而影响河流向下游输送能量和物质的能力，这是建设大坝时难以避开的问题之一。其次，大坝的出现改变了整体的河道结构。河流的运动状态也会因此而发生改变，如河流对河床的冲刷、不同河段的含沙量以及沙土淤积情况都会发生变化。这不仅对下游会有影响，大坝库区的生态环境也会遭受威胁。欢畅无阻的河水本可带走大量泥沙，但是由于大坝的出现，河流对泥沙的运输将大打折扣。当河水流经库区时，流速会明显降低，本来强水条件下的搬运作用会变成弱水条件下的堆积作用。泥沙在库区逐渐堆积，会大大降低库区的库容，对发电、灌溉、防洪等方面都会带来负面的影响。

保护龙羊峡库区的生态成了首要责任。2013年，青

▲ 龙羊峡库区

海省政府批准实施了关于龙羊峡库区生态保护的 25 个项目。这 25 个项目包括了水源地保护、流域污染源治理、生态修复与保护、生态安全调查与评估和环境监管能力建设等，总投资高达 5.75 亿元，目标是全方位治理库区生态。

就现如今已展开的一系列环境治理措施来看，其对龙羊峡库区水资源质量的保护效果是显著的。依据《地表水环境质量标准》（GB 3838—2022）的一系列标准，自 2013 年以来，库区的水质一直都维持在 II 类水质的标准，除了水中的溶解氧和总磷含量之外，其他各项指标更是达到了 I 类水质的标准。这个结果是令人欣慰的，不仅表明了人们对库区水资源的治理初见成效，更是坚定了人们对库区环境治理的信心。为了进一步扩大环境治理的成效，我们可以做的还有很多。

龙羊峡库区生态修复对黄河水域系统的益处是显著的，这不仅体现在了库区本身，黄河下游以及其干流的水质也得到改善。由于黄河流经区域存在大量荒漠，水土流失严重，致使黄河的含沙量居高不下。在针对龙羊峡库区一系列的生态修复之后，水库年平均含沙量明显降低。由此可见，龙羊峡库区生态环境治理取得了成效。

5. 优质的水源促进养殖业发展

有了优质的水源之后，龙羊峡库区的养殖业也蓬勃发展了起来。如今的龙羊峡拥有着全亚洲最大的智能化三文鱼（虹鳟）养殖基地，每年可以向市场提供 9000 吨的淡水三文鱼。同时，渔业的兴起为当地居民提供了大量的就业机会，促进了当地经济

▲ 龙羊峡养殖基地

的发展。本来因为大坝建设完成后渐渐趋于寂静的村庄再一次焕发出了它的荣光。

　　黄河的治理是个困扰了华夏子孙千万年的问题，这样的问题绝对不是一个大坝可以彻底解决的。但龙羊峡大坝的拔地而起，给下游和库区带来的利益却是显而易见的，下游水量的调控、含沙量的减少、坝区绿色环境的建设、库区周围的灌溉与养殖……大坝修建的过程是艰辛的，后期的维护与治理也从来不能懈怠，但是这一切都是值得的。我们需要做的还有许多，贯彻习近平总书记"绿水青山就是金山银山"的指示，保护好了环境才能赢得更长久的发展。

知识拓展

龙羊峡生态旅游景区

　　龙羊峡生态旅游景区位于青海省海南藏族自治州共和县，距省会西宁146千米，处在青海精品旅游线的中心节点，也是黄河廊道的中心节点。以龙羊湖及龙羊峡镇为核心，旅游区面积约为614千米^2，上至羊曲水电站，下至拉西瓦水电站。如今，龙羊峡生态旅游景区已经建成开放土林国家地质公园、龙羊湖滨水主题公园和龙羊黄河大峡谷三大景区。

▲ 龙羊峡土林国家地质公园

▲ 龙羊湖滨水主题公园

▲ 龙羊黄河大峡谷

　　龙羊峡土林国家地质公园位于龙羊峡镇西北15千米处，是龙羊峡生态旅游景区的一个重要景点，展现了西北地区独有的地貌特征，非常具有观赏价值。龙羊湖滨水主题公园以黄河水利文化为主题，在保留龙羊峡水电站建设遗迹的同时，巧妙添加了现代建筑艺术元素和旅游娱乐场馆设施，公园景区内观景台、游艇码头、水电工业遗址、雕塑等景观错落有致、层次分明，水、人、城、景相生相容。龙羊黄河大峡谷位于龙羊峡水电站和拉西瓦水电站之间，全长33千米，两岸岩层嶙峋、层峦叠嶂，是黄河上气势最为磅礴的峡谷群，谷内沟壑纵横、奇峰险石、陡壁万仞、巍然天门，形成了"奇、幽、深、异、险、密"的景观特点。

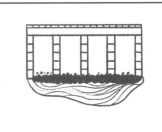

第四章

绿色实践守护绿水青山

——千岛湖的发源新安江工程

▲ 新安江工程

新安江发源于安徽，流经浙江淳安、建德等县（市），至梅城与兰江汇合注入富春江，一路滩多水急，江势险峻。清代诗人黄景仁曾云："一滩又一滩，一滩高十丈。三百六十滩，新安在天上。"新安江水力资源丰富，1957年、1960年在淳安、建德两县（市）境内建成新安江水库和发电站（以下简称"新安江工程"）。

新安江工程拦河大坝最大坝高105米，坝顶全长466.5米，为混凝土宽缝重力坝，水库正常蓄水位108米，防洪限制水位106.5米，死水位86米，总库容216.26亿米³，调节库容102.7亿米³，电站总装机容量66.25万千瓦。

新安江工程是我国第一座自行设计、自制设备、自己施工建造的大型水力发电站，是我国现今所有高水位截流式宽缝重力坝的先导建筑，被人们誉为"长江三峡的试验田"，它将新安江截流成湖，淹没了一个半县城，85座山，截留下来的碧波漫上了一个个山尖，形成了1708座大小各异、形状不一的岛屿。1984年新安江水库风景区正式更名为千岛湖。它是华东地区最大的人工湖，是世界上岛屿最多的湖，也是社会主义制度集中力量办大事的范例，更是我国水利水电事业史上的一座丰碑、人民勤劳智慧的杰作。它为国家建设大型水电站积累了宝贵经验，也为国内多座大中型水电站输入了大量人才。以两院院士、中国工程院副院长潘家铮为代表的杰出水电专家，以及柴松岳、葛洪升、孙华

小贴士

你知道千岛湖吗？

千岛湖，为浙江著名的国家5A级风景区、避暑胜地。蓄水量为178.4亿米³，相当于3000多个西湖，湖水平均深度34米，湖中岛屿的森林覆盖率达82.5%。千岛湖，是世界上岛屿最多的湖，既有海的浩瀚，又兼湖的秀美，风光无限，被新华社老社长穆青称为"天下第一秀水"。湖水不经任何处理即可达到饮用水的标准，达到国家Ⅰ类水质标准。

锋、苏立清、钟伯熙等一批优秀人物，都在新安江
工程经历过锻炼。

新安江工程于1957年4月开工，1978年10月
全部投产，至2021年8月底，已安全稳定运行62年。

◎ 第一节 新中国的水电奇迹：三年实现发电

新安江工程原是国家第二个五年计划的
项目。随着社会主义改造基本完成，社会主
义建设在全国全面展开，华东地区，尤其是
沪、苏、浙、皖等长江三角洲地区的经济增
长与电力供求矛盾日益突出。为满足长江三
角洲地区，特别是上海市工农业生产发展的
电力需求，1956年春，当时的国家水利电力
工业部提出了提前建设新安江电站的请求。

▲ 新安江工程建设时期场景

我国在第二个五年计划中计划建设容量在60
万千瓦以上的电站有9座。这9座电站中的任何一
个电站要提前建设，不仅关系到国家计划的改变，
更关系到国家的财力以及建设电站所需的各项物
资、技术、人员等能否保证。面对水利电力工业部
的请求，周恩来总理多次主持国务院会议进行研究，
在听取各方专家的意见，进行深入论证后，于1956
年6月20日亲自批准将我国第一座大型水力发电
站——新安江水电站项目提前列入国家第一个五年
计划和1956年计划项目中。新安江工程的建设可以
概括为几个主要标志性阶段：

▲ 新安江工程建设施工测量场景

▲ 新安江工程大坝截流即
将合龙场景

（1）工程初步设计书经批准后，1956年8月工程着手进行内外交通、生产生活用房、施工附属企业等前期准备工程的施工。

（2）1957年4月主体工程正式动工兴建。2万名职工云集在新安江建设现场，在浙江、安徽和上海各界人民的大力支援和全国近百个科研院校、工矿企业的协作下，施工进度不断加快，工期一再提前。

（3）1957年8月工程开工后，工程量达10万米^{3}的第一期木箱填石围堰仅用115天，到1958年1月21日就实现合龙。

（4）大坝混凝土于1958年2月18日开始浇筑，比原计划提前半年，到1958年8月，大坝右坝体就升出了水面。同年10月1日左岸二期围堰实现合龙，工程由一岸施工到全河段施工，工程建设进入了一个新阶段。

（5）1959年9月21日最后一个导流底孔顺利封堵，水库提前15个月开始蓄水。同年底，第一台7.25万千瓦水轮发电机组安装完毕，1960年4月开始发电。电站从正式开工到首台机组发电，只用了3年时间。

◎ 第二节 新安江工程的"轻巧"设计

　　新安江工程的坝址，选择在靠近下游的铜官峡谷中，地质条件复杂。历经了远古时期剧烈的地质构造运动，整个底层发生了倒转，产生了褶皱，使基岩中出现了大大小小的断层、破碎带、节理和裂隙。经过漫长的岁月，基岩表面强烈风化，特别在断层和裂隙相交处，往往破裂成碎块。在这样的条件下修建一座高水头大坝，是一个巨大的设计施工难题。

　　为解决这个难题，勘测设计人员对铜官峡的复杂地质情况作了详细的调查，充分掌握了地质资料，选择了一条最合适的坝轴线。针对坝基地质缺陷，首先进行大量开挖，把表层破碎岩石尽量爆破挖除。然后进行灌浆加固修补工作，用钻机在岩石中钻出孔后，用高压水冲洗岩石内的裂隙节理，再用高压将水泥浆灌入裂隙中，将破碎的岩石胶结成一个牢固的整体。此外对坝基上的一些断层、页岩、破碎带等，都做了细致的加固工程。电站蓄水后，精密观测测量结果显示，坝基渗漏量合乎标准，大坝未出现不利的沉陷、断裂、错动和塌方，完全满足设计要求。

　　新安江工程的拦河坝是一座混凝土重力坝，坝顶全长 466.5 米。这座大坝的最大特点在于坝体内设有巨大的宽缝。重力坝需要分段施工，相邻坝段间会形成一条横向伸缩缝。一般重力坝的这条横缝往往宽约1厘米，缝间设止水系统防止漏水。而宽缝重力坝相邻的坝段除了上、下游两端相靠外，在内部会留出一个空腔，这个空腔就被称为宽缝。

新安江工程拦河坝的宽缝宽度，已达坝体总宽度的40%以上，可以称为大宽缝重力坝。新安江水电站设置宽缝，主要是为了改善坝体工作条件，增加大坝安全性，减少工程量。蓄水后，水在高压之下沿着基础面渗透进来，会形成扬压力，抵消大坝自重。新安江大坝设置宽缝后，工程量也大为降低，宽缝重力坝总混凝土量就比实体重力坝节约20万～30万米^3。此外，宽缝对大坝的温控、施工、维护、检查都创造了更为有利的条件。工程运行期间，工程人员通过坝体埋设的测量设备对大坝应力和变形情况进行了观测，证实了新安江工程宽缝重力坝的安全性和可靠性。通过在新安江工程上的设计实践，我国的宽缝重力坝设计理论实践获得极大的发展。

▲ 新安江工程大宽缝重力坝施工

◎ 第三节 新安江的绿色生态体系

新安江工程运行 62 年来，其综合利用效益十分显著，不仅对电网安全、稳定、经济运行起到突出作用，而且在防洪、航运、排灌、渔业、供水、林果业、旅游业、水上运动、生态工程等方面取得显著的综合效益，形成新安江工程的绿色生态体系，为我国华东地区的社会经济发展提供了巨大的支持。

一、发电

新安江工程是华东电网中的一座大型水电站，以发电为主，其发电效益除体现在提供廉价清洁能源外，更重要的是为电力系统提供大量的调峰、调频及事故备用能源，对系统的安全经济运行发挥着重要保障作用。截至 2020 年，电站累计发电 1000 亿千瓦时，为电网安全运行做出重大贡献。

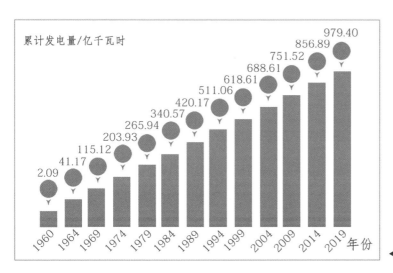

◀ 新安江工程累计发电量

二、防洪

新安江水量分布不均，河水骤涨陡落，洪涝灾害频繁。水库自 1959 年蓄水后至 2019 年，除 1966 年 7 月试验性泄洪和其余 6 个年份的 9 次泄洪外，其他时间从未泄过洪。通过水库调节或错峰调节，大大削减了下泄出库的洪峰流量，百年一遇、千年一遇、万年一遇的洪峰流量均被削减，极大地减轻了洪水对下游建德、桐庐、富阳等城镇地区的危害和破坏程度，使下游农业产量连续稳产高产。左图为 2020 年新安江水库建成 60 多年来首次 9 孔泄洪的壮观景象。

据统计，只要新安江流量超过 1 万米^3/秒，下游 3 县就损失粮食近 2.5 万吨，加上冲毁房屋、公路、桥梁以及其他公共设施，损失难以计数。新安江水库已多次拦蓄调减了大于 1 万米^3/秒的洪水，大大减轻下游因洪水造成的损失。

▲ 新安江水库首次 9 孔泄洪

三、航运

新安江水库在正常蓄水位时，坝址上游原来九曲十八弯、急流浅滩的河流变成一碧平湖，客货运得到良好发展。新安江属山区河流，洪枯流量相差悬殊，原来一年只有 240 天通航。而且在屯溪到街口、街口到铜官、铜官到建德市梅城三段航区分别有大量礁石、浅滩，只能通航几吨的小木船，没有动力船，每年货运量仅为几万吨，没有客运航线。水库建成后，由于航运条件的改善，上、下游的客货运航线大为增加。水库上、下游有 5 吨以上的船只千余艘，货运量、客

运量也逐年增大，基本满足了流域内
社会经济发展对于水运的需求。

四、水产养殖

新安江的自然鱼产量每年原为
50 吨，水库蓄水后，库区常年宜渔水
面达到 400 千米^2，占浙江全省水库养
鱼面积的一半。库区持续放养鱼苗，
捕鱼量逐年增加，1966 年最高捕捞量达 2560 吨以上，
至 20 世纪 80 年代末，鱼产量已稳定在 3600 ~ 4000
吨。新安江水库在全国八大水库中，捕捞量、产量、
经济效益均列榜首。

▲ 新安江水库水产养殖效益
位列全国八大水库前茅

五、顶潮供水

钱塘江下游江水因受潮汐的影响，潮区界可上
溯到富春江水电站坝下。由于受海水潮汐的影响，
增大了江水中的含氯度。据调查，在水库未建成之前，
钱塘江水含氯度严重超标的情况年年发生。为了解
决钱塘江中含氯度大的问题，采取了顶潮冲淡的办
法。水库合理调度放水下压咸潮，避免了杭州市民
吃咸水，并减少和避免工矿企业生产用水含氯度过
高造成的经济损失。

2014 年，杭州开工建设千岛湖配水工程，利用
千岛湖的一级饮用水源，从本质上提升城市供水品质。

六、旅游事业

新安江水库形成了著名的千岛湖景区，库区由
于自然环境清静优美、水质清洁、气候宜人，且名胜
古迹多，被列为全国重点风景区。

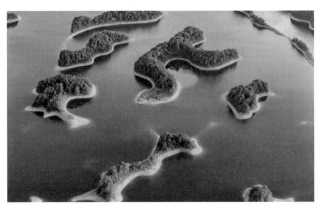

▲ 千岛湖美景

新安江工程和库区千岛湖带动了安徽省歙县、浙江省建德市和淳安县等周边地区旅游事业日益发展，经济效益逐年增长。截至2020年，仅建德市全年接待游客1319.4万人次，实现旅游总收入137.7亿元。

七、灌溉

新安江水库上、下游约有6.2万亩农田靠江水灌溉，其中电站上游有1.2万亩，下游有5万亩。此外，下游还有5万多亩农田使用新安江水电站的廉价电力进行提水灌溉或排涝。

工程建成后，不但降低了农灌成本，而且供电稳定，较低的发电尾水水温对防止早稻高温逼热、晚稻青枯死苗有一定的作用，为农田丰产创造了条件。

八、其他经济社会效益

新安江工程在改善局地小气候、促进林果业发展、促进周边城镇和工农业发展等方面也发挥着重要的作用。

水电站从勘测设计到建成发电至今，已走过60多年的历程。60多年的艰苦创业，60多年的沧桑巨变，寄托了水利兴邦的世纪夙愿，承载了绿色水电的光荣梦想，奠定了水电王国的伟业基石，在新中国大型水电的建设史、发展史上写下了浓墨重彩的一页。

小贴士

千岛湖和农夫山泉

农夫山泉千岛湖生产基地，坐落在风光秀丽的国家一级水体千岛湖畔，是一个集科研、开发、生产、营销为一体的花园式工厂，也是拥有现代化的高科技设备、全自动化的生产工作流程、全透明的旅游观光通道，可以供人们欣赏到农夫山泉的整个生产过程。为了保持良好的生态环境，也为保障新安江水的绝对健康，当地做出了积极努力，定期检测千岛湖水质，并作出严格的排污限制，青山绿水不是偶然，而是人民坚实的保护成果。

◎ 第四节 生态文明建设的时代担当

重大水利水电工程不仅施工范围广泛、施工技术难度大，而且工程造价相对较高。因此，水利水电工程长期以来作为我国社会经济发展的重要民生工程之一，其建设和发展已经引起了社会各界的高度重视。为了提高工程建设的效率和质量，相关部门在做好勘察、建设等相关工作的同时，也将绿色生态理念合理应用于工程的规划和设计中，最大限度地保持工程建设后周边生态环境良好。

建设新安江工程过程中创造的水文计算的"新安江模型"具有国际广泛影响力，对世界水文科学作出了卓越贡献。如今，"新安江实践"又走上历史舞台，展现了时代担当。新安江生态补偿试点的成功实践，是践行习近平生态文明思想的重要体现，也为水系统治理、水环境保护与水生态恢复、生态水文学等水科学研究提供了样板。

（1）从水文计算模型到生态补偿试点，扛起生态文明建设重任。

20 世纪 50—60 年代，我国水文学家在大量实验的基础上创建了用于降雨产汇流分析和洪水演算的计算方法，并在 20 世纪 70 年代初，在我国自主设计、自主施工、自主管理的第一座大型水力发电站——新安江水电站的洪水预报调度、保障防洪安全、提高发电效率中得到成功应用。水文学家将这种"流域分单元、蒸散发分层次、产流分水源、汇

▲ 新安江工程建设创造的
"新安江模型"

流分阶段"的计算模型命名为"新安江模型",成为我国在 20 世纪对世界水文科学做出的重要贡献之一。

（2）从传统水文学到生态水文学，开启水科学研究新领域。

缺水和污染是影响中国乃至世界经济增长可持续性的瓶颈之一。要解决我国水安全问题，需要多学科的交叉与创新。生态水文学是传统水文学和生态学交叉的新兴发展学科，属于联合国教科文组织国际水文计划当前和未来重要的学科发展方向。加强对生态水文学的研究，对于我国生态文明建设意义重大。我国的生态水文学学科发展战略包括科学研究计划、重点研究项目、学科建设、国际合作。新安江水电站积累了宝贵的经验，应该在生态水文学发展战略中作出新的贡献，助力生态文明建设、"一带一路"倡议和长江经济带发展等国家重大战略需求，推动生态环境保护科技水平的提升。

（3）把绿水青山变成金山银山，实现人民幸福美好愿景。

新安江工程取得了生态、经济、社会等方面的多重效益，提供了可复制可推广的经验。但是，有了绿水青山，还必须将之变为金山银山，让为生态环境保护作出贡献的上游地区享受生态保护红利，实现人民幸福生活的美好愿景。一是发挥流域生态优势，突出绿色发展，做好水和生态"大文章"。将生态、旅游、第三产业与水资源相结合，对优质原水进行合理的开发利用，发展水经济、水产业。二是建立多元化生态补偿长效机制，以新安江为纽带实现上、下游的经济联动。上游留住好山好水，下游要大力支持和帮助上游发展绿色产业，实现共建共享。三是探索启动基于水量和水质的水权研究和交易试点，以及排污权有偿使用和交易试点。四是发挥"新安江模型"国际声誉和生态补偿试点经验优势，积极主动纳入国家层面生态水文研究框架，不断扩大国际影响。

　　如今新安江工程成为浙江乃至长江三角洲地区防洪水、保供水的重要基础和屏障，造就了千岛湖的"天下第一秀水"，沿江沿湖产业实现了绿色动能转换——昔日雄伟的电力大坝，悄然撑起了绿色发展的新使命，成为绿色生态水利水电工程的典范。

▲ 新安江水电站：把绿水青山变成金山银山

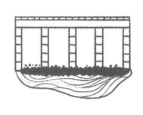

第五章

里程碑工程挺起水电脊梁

◎ 第一节 世界第一高坝—— 锦屏一级工程

雅砻江，发源于青海省玉树县巴颜喀拉山。巴颜喀拉山可以说是我国最重要的水源地，长江（金沙江、雅砻江、大渡河）发源于其南麓，黄河发源于其北麓。

雅砻江流域蕴藏着丰富的水能资源，是我国13个水电基地之一，也是国家"西电东送"的重要电源基地。雅砻江水能资源优良，且开发条件优越，全流域总共规划了22座梯级电站。锦屏一级水电站工程（以下简称"锦屏一级工程"）是雅砻江流域的龙头电站，位于锦屏大河湾东西两侧。

锦屏山，最高峰海拔4449米。雅砻江就沿着锦屏山蜿蜒流淌，由此弯出了150千米的大河湾，虽然直线距离只有17千米，但河流天然落差高达310多米，形成了一个得天独厚的引水发电工程的坝址条件。开发雅砻江锦屏大河湾是中国几代水电人的心愿，锦屏一级工程前期勘测设计工作始于20世纪50年代，"文化大革命"期间工作被迫中断。2005年9月锦屏一级工程通过国家开工核准。这是我国自审批制变核准制后，第一个通过国家核准的水电建设项目。锦屏一级工程建设是水电建设的挑战，同时又具备显著的综合效益。

雅砻江锦屏一级水电站是我国"西电东送"的标志性工程，电站总

▲ 锦屏一级水电站工程全景

装机容量 360 万千瓦，2013 年正式投产发电。锦屏一级水电站是被国内外水电界公认为建设管理难度最大、施工布置难度最大、工程技术难度最大、施工环境危险最大的巨型水电站。

锦屏一级水库正常蓄水位 1880 米，死水位 1800 米，总库容 77.6 亿米^3，调节库容 49.1 亿米^3。大坝坝高 305 米，是世界已建成的第一高坝，相当于 100 多层住宅楼的高度，三峡大坝坝高 185 米，锦屏一级大坝是它的 1.65 倍。锦屏一级大坝的成功建设，是世界在复杂地形地质条件下建设特高拱坝的技术飞跃，从此拱坝筑坝技术跨入 300 米时代。

2015 年 11 月，在日本京都举行的世界工程师大会暨世界工程组织联合会全体会议上，雅砻江公司锦屏项目团队获得 WFEO（世界工程组织联合会）杰出工程建设奖。

2016 年 11 月，锦屏一级坝高 305 米的混凝土双曲拱坝成功获得"最高的大坝"吉尼斯世界纪录。2022 年 3 月，锦屏一级拱坝荣获第三届高混凝土坝国际里程碑工程奖。

一、世界第一高坝，十个世界第一

锦屏一级水电站是雅砻江流域下游梯级开发的龙头电站，是雅砻江下游电站开发建设的控制性工程，对整个下游河段的开发具有重要的带动作用，是国内同规模水电站中经济效益最好、淹没耕地和动迁人口最少、具有年调节能力、梯级补偿效益最明显的电站。雅砻江流域电站集中控制和梯级优化调度从锦屏一级水电站起步，它的建设对于加快雅砻江流域水电开发，改善四川电力结构，优化国家

▲ 锦屏一级双曲拱坝

能源配置，推进实施国家西部大开发、"西电东送"战略，促进民族地区经济和社会发展具有极为重要的意义。

世界最高坝，这个大块头可不单单是常人眼里的"莽汉"。要克服世界级难题，需要一系列世界级的技术作支撑，也正是一系列创新技术的突破，让锦屏一级工程解决了"无坝不裂"的世界难题。

作为世界第一高坝，锦屏一级工程创造了十个"世界第一"。

（1）已建世界第一高双曲拱坝，坝高305米。

（2）世界上最大规模、最复杂的特高拱坝基础处理工程。

（3）世界上最复杂地质条件的坝肩高陡边坡治理工程。

（4）首次进行工程枢纽区大规模自然边坡危岩体治理，危岩体的治理范围和规模居世界第一。

（5）在高山峡谷区域成功进行特高拱坝施工总布置，首次系统解决了场内交通、施工供水、施工供电、施工工厂设施、料场及弃渣场、施工营地等布置难题。

（6）世界上第一个采用坝身多层孔口无碰撞消能方式的特高拱坝，解决特高拱坝高水头泄洪消能和降雾雨强度问题。

（7）世界上第一个采用燕尾坎挑流消能的泄洪洞，解决高水头大泄量窄河谷的泄洪洞挑流消能防冲问题。

（8）世界上具有最高生态环保分层取水功能的独立岸塔式电站进水口，高112米，分7层进行生态取水。

（9）第一个在高地应力环境、低岩石强度比条件下成功建成的大型地下洞室群工程。

（10）世界上最大直径的圆筒形阻抗式尾水调压室。

知识拓展

锦屏一级工程的 10 个首创

（1）首次采用 4.5 米层厚大规模浇筑大坝混凝土，大幅度提高工效。

（2）首次全坝采用混凝土浇筑温度监测自动化系统运用与拱坝混凝土施工温度监测。

（3）首次采用混凝土通水冷却自动控制系统应用于拱坝混凝土施工温控通水冷却。

（4）首次采用砂岩粗骨料和大理岩细骨料的组合骨料减少活性骨料、高掺粉煤灰、控制总碱含量解决特高拱坝高性能混凝土及碱骨料抑制技术。

（5）首次采用螺旋式施工方法进行大直径调压室施工。

（6）首次采用 500 毫米直径管状带式输送机运输大坝人工骨料。

（7）首次在导流洞出口 12.5 米深水头中采用钢模板混凝土围堰。

（8）首次采用高压对穿冲洗置换技术处理软弱地质体。

（9）首次研制采用小口径潜孔锤反循环钻进技术成功解决破碎岩体深孔钻进难题。

（10）首次采用斜坡式水力自升降拦漂排，水位变幅达 80 米，居世界最大。

▲ 锦屏特高拱坝高水头泄洪消能

二、特高锦屏，超高难度

锦屏自然环境险峻，两岸峰如斧劈江边立，路似绳盘洞里行。水电行业素有"三峡最大，锦屏最难"之说，突出难点可以概括为"五高一深"，即特高拱坝、高水头泄洪消能、高山峡谷、高陡边坡、高地应力和深部裂隙。"五高一深"特点带来的是特高坝建坝技术要求高、施工布置难、施工强度要求高、基础处理非常复杂，以及特高混凝土双曲拱坝温控防裂要求高等问题。

锦屏一级大坝双曲拱坝，是指双向（水平向及竖向）弯曲的拱坝。坝顶弧长 552 米，坝顶宽 16 米，坝底宽 63 米。大坝从 2009 年 10 月 23 日开始浇筑，2013 年 12 月 23 日浇筑完成，用时 50 个月，总浇筑混凝土 572 万米^3，是同类坝型中浇筑速度最快的。

1. 艰难困苦，玉汝于成

站在锦屏西桥上看大坝时，很多人会有一种感觉，就是大坝好像没那么高，以大坝为背景拍了个照片，许多人猜测坝高仅约 50 米。但是从另外一个角度看，这不就因为锦屏大坝两岸山坡太高太陡了吗？看一下数据，锦屏"五高一深"中写着"特高边坡（530 米）"，这是指的进行开挖并锚固的高度，加上高位危岩体处理，那处理的边坡高度要达到 650 米。

在锦屏看两岸，一抬头，两岸危峰耸立，怪石嶙峋。雨过天晴时，丝丝烟雾缥缈，简直就是山水画中的绝美意境。但建设期，这意味着巨大的挑战。

▲ 锦屏一级工程与锦屏西桥

专家们对锦屏左岸是这么描述的：岩体卸荷强烈，并发育有断层、层间挤压带、深部裂缝，场地地质条件复杂。在这里建大坝，我们面临的是世界最复杂地质条件的坝肩高陡边坡和世界最大规模自然边坡危岩体治理。

2005 年，锦屏开始着手高位危岩体治理和两岸边坡开挖时，边坡治理的原则就是自上而下，建设者们必须首先到最高处开创工作面。把目光移到那里的时候，你看到的就是崎岖盘旋、陡峭狭窄的便道，顺着边坡地形，时缓时急，而快靠近便道中部的几个地方还根本不能算路，直接就是简易的钢爬梯搭在笔陡的峭壁上进行连通，就这样从江边爬到 600 ~ 700 米的高度。马驮、肩扛、手提，工人们牵着马和骡子，从江边先化整为零，把材料、工具慢慢地搬到便道中部，然后不得不再次化整为零，依靠人工身背、肩扛，把材料、工具等用更慢的速度通过那几个钢爬梯搬运到工作面。那时候，出厂价大概 400 多元的一吨水泥从 300 多千米外的西昌运到工地，运费大概是 400 多元，再从江边倒运到高差 600 ~ 700 米的工作面上，人工费用大概也要 400 多元。坡面很陡，风季刮风，雨季下雨，常常会突然滚落石头，人会及时躲避，但是驮着重物的马和骡子有时候却避不过去，被石头一打，一惊吓，就失足滑到坡下了，锦屏施工期间，牺牲的马和骡子有近百匹。在这里面攀爬的难度，可想而知。

建筑工人为了节约时间，就直接在悬崖上用钢管搭起架子，用锚杆锁住脚，然后铺上木板，支起竹胶板，形成个非常简易的可供吃饭

▲ 锦屏一级工程施工场景

▲ 悬崖绝壁上的"吊脚楼"

睡觉的地方——这就是锦屏工地前期非常著名的"吊脚楼"。吊脚楼，大家现在只能从留存的历史照片中窥其面貌，顾名思义，搭在悬崖绝壁之上，只能非常勉强地给建设者们提供一个立足之地。"吊脚楼"下是千尺高崖、湍急奔腾的雅砻江水，白天吃饭时一失手，筷子从缝隙滑落直接就掉到江里了，这种险境是无法想象的。

左岸边坡不仅陡峭，地质情况也不好。除了挖了4层近30千米的隧洞、近1000千米长的灌浆孔、对左岸山体不良地质带进行钢筋混凝土置换外，建设者们又在左岸边坡上设置了密密麻麻的锚索。锚索，顾名思义，就是用钢索，像小时候家里老母亲纳鞋底一般，一直打到山体内部稳定的岩层上，把山体外部岩体跟内部稳定岩层锚住。锚索间距为4米×4米，仅大坝上方，就设置了近2500束锚索，加上灌浆，花了近3亿元，代价巨大。有很多锚索深度达到80米，因地质条件太差，钻孔的时候非常困难，最长时间的一个孔打了3个多月才完成，而且锚索本身都有将近2吨重，安装时也需要近30人配合，抬着锚索，像纤夫拉大船一般，喊着哨子，整齐用力，把锚索往锚索孔里慢慢送进去。

大坝右岸岩体整体较好，所以锚索数量比较少，长度一般只有40米。但是有个岩体，奇峰突起，形状像猴子，叫猴子岩，包括它上方的一块绝壁，经常会有石块掉落。工程建设者自然将这个岩体也纳入了需要治理的危岩体范围。

这个地方比左岸更是陡峭，所以工人是直接从坝肩的位置用钢管搭路。先用锚杆打两个桩，再焊上两根平行的钢管，然后用锁扣将钢管一节节搭起来，形成台阶，再焊上扶手加固，这才完成一级楼梯，然后继续往上重复刚才的工作，逐步地在悬崖峭壁上搭出"之"字形的悬空钢爬梯。在悬崖上搭梯子，越往上走，就越难搭，因为要有几个人配合着把钢管抬上去，同时还要把钻机、柴油发电机、焊机、氧气瓶抬上去，而且就只能落脚在已经搭好的窄窄的钢爬梯上，其困难可想而知，搭这个钢爬梯，用了1个月的时间。一名右岸项目工程师曾深有感触地说："这钢爬梯高度近500米，而且顺着悬崖搭，高处临江700米，每次爬一趟工作面，不论是对体力，还是对心理，都是一次极大的挑战。"

　　到了猴子岩和绝壁顶部，开始处理危岩体，或者锚固，或者清撬，人员如何到达工作面依然是个难题。后来工程技术人员借鉴了清洗城市高楼外墙的做法，通过对危岩体进行高清摄影确定出需处理的危岩体位置后，在猴子岩顶部相应位置，让系着安全绳、溜索，带着钢钎或钻机，悬垂而下的施工人员到达指定位置后开始作业，就像一个个蜘蛛人在大展神通。蜘蛛人作业，听起来好像没什么，但实际很难，因为脚没有着力点，很多时候都是晃动的，干活非常困难。但建设者们还是通过蜘蛛人的方式，一点一点地完成了猴子岩危岩体的清撬、支护等全部工作，确保了下部施工和工程设施的安全。

　　"看似寻常最奇崛，成如容易却艰辛"。很多在外面做起来简单的事情，比如运点材料、打个孔、撬个石头、搭个梯子等，在锦

▲ 锦屏一级工程施工场景

屏水电站这特有的高耸陡峭的高边坡面前，都变得异常困难。而建设者们依旧是用"啃硬骨头"的精神，以艰苦卓绝的工作，解决了一个又一个的困难，使工程顺利推进。

2.科技创新，新技术实践

作为世界第一高坝，锦屏一级工程规模巨大，枢纽建筑物布置集中，土石方挖填、混凝土浇筑等工程量巨大。又因地处地质灾害频发的深山峡谷地区，坝址工程地质条件极为复杂，具有"四不对称"的特点，即坝址左右岸地形条件不对称、左右岸地质条件不对称、拱坝体型不对称、拱坝应力变形不对称。复杂地质不对称条件下300米级特高拱坝结构和基础处理技术，高水头大泄量窄河谷的泄洪消能设计，高地应力环境超大规模地下厂房洞室群围岩稳定及支护，混凝土骨料碱活性抑制等技术，均是摆在水电建设者面前的世界级难题，工程规模和难度均远超出已有经验与规范适用的范围。

锦屏一级工程建设中针对关键性问题提出了众多创新性解决方案，应用了多项工程科技创新与新技术。针对305米特高拱坝复杂地基变形控制等难题，创建了拱坝与地基协同分析一体化设计和安全评价理论，实现了拱坝从200米级到世界最高坝的跨越。针对倾倒变形、断层交汇、深部裂隙发育复杂地质条件，以及高陡边坡稳定难题，提出了"抗剪洞、大吨位长锚索结合锚喷支护、立体排水"的综合技术措施，实现了高达530米高陡边坡的稳定安全。针对高地应力、构造发育的地下厂房洞室群围岩稳定难题，首次提出了"浅表固壁—变形协调—整体承载"的大变形控制技术，保障了地下厂房洞室群的安全。针对高水头、超高流速、大泄量及泄洪雾化难题，首创坝身水流空中无碰撞泄洪消能与减雾、泄洪洞高效减蚀和燕尾坎挑流消能防冲等技术，安全监控表明，消能、防蚀、减雾效果良好。针对特高拱坝混凝土防裂等难题，提出混凝土骨料碱活性控制、智能温控、4.5 米升层、实时监控等成套高效施工技术，节约工期 5 个月，大坝工程质量优良。

三、锦屏高坝，利国利民

锦屏一级水电站是雅砻江流域水能资源继二滩水电站之后滚动开发的新的里程碑，是实现雅砻江水能资源开发"四阶段"战略目标的关键性工程。它的开工建设，吹响了加速雅砻江流域水电开发的号角。锦屏一级水电站正常发电后，每年可向川渝电网和华东电网输送的清洁优质电能，相当于每年减少燃煤消耗 2230 万吨，减少排放二氧化硫 35 万吨、二氧化碳 4700 万吨。水库建成后，减轻了长江中下游防洪压力，减少了进入长江三峡水库的泥沙，对长江上游生态屏障建设具有重要作用。

1. 发电

水电站的经济效益显著。水电站建成后，使四川电网枯水期平均出力增加 22.5%，极大地优化了川渝电网电源结构；每年使雅砻江下游梯级电站增加发电量 60 亿千瓦时，相当于新建了一座装机容量 120 万千瓦的水电站；每年使金沙江溪洛渡、向家坝、长江三峡和葛洲坝水电站增加发电量 37.7 亿千瓦时。电站建设过程中，大型发电设备、水泥、钢材、油料等大宗设备和物资的巨大需求都有力地促进了四川省 GDP 的增长。

▲ 锦屏一级水电站电能输出

2. 防洪

长江流域是我国经济发展水平较高的地区之一,特别是中下游平原地区是我国工农业发达地区。长江流域属亚热带季风区,暴雨活动频繁,洪灾在流域内分布很广,尤其以堤防保护的中下游平原区最为严重。历史上多次发生大洪灾,给人民生命财产造成了极大的损失。三峡水库完建后,从根本上改变了荆江河段防洪紧张的局面,但长江中下游特别是城陵矶以下河段洪水来量与河道泄量的矛盾依然存在,遭遇大洪水时仍需动用分蓄洪区分蓄洪量,必须采取综合措施进一步提高抗洪能力。其重要措施之一就是建设上中游干支流水库,拦蓄洪水,以减免对中下游地区分洪量的影响。

国务院 2012 年批复的《长江流域综合规划(2012—2030 年)》中,锦屏一级水库中设置有 16 亿米^3 的防洪库容。水库 100 年一遇、50 年一遇和 30 年一遇设计洪水的 15 日洪量分别为 107 亿米^3、98.1 亿米^3、91.2 亿米^3,其 16 亿米^3 的防洪库容分别占比为 15.0%、16.3%、17.5%。水电站通过预留的防洪库容可以减少雅砻江下泄的洪量,从而减轻下游地区防洪压力,同时配合下游其他水库联合防洪调度,为长江中下游流域的防洪发挥了应有的作用。

3. 移民安置

锦屏一级工程地处经济欠发达的凉山彝族自治州,电站建设有力地促进了民族地区经济发展和社会进步。工程建设用工需求、物流、信息流等带动了地区建材市场、交通、运输、农产品、旅游、社会服务等行业的快速发展，地方财政收入得到显著增长。工程建设吸引了大量当地百姓到电站工地务工，给周边少数民族居民生活带来了可喜变化，农民盖起了新房子，许多地处偏远的乡镇实现了通公路、通电力、通电话的梦想。

在锦屏一级工程的建设中，雅砻江公司高度重视移民工作，认真贯彻"四个越来越好"和"搬得出、稳得住、能发展"的开发式移民工作原则，在各级地方党委、政府的大力支持下，努力把水电站的移民安置工作创建为雅砻江流域移民安置工作的样板。另外，还对移民搬迁后的生活状况进行跟踪，及时研究解决移民工作中的个性化问题。移民搬迁工作进展顺利，实现了搬迁迅速、安置稳定的目标，基本满足了水电站的施工需要，为工程提供了和谐、稳定的建设环境。

4. 生态保护

锦屏一级工程采用"节能、节地、节水、节材"的环保技术。①节能。大坝采用当地砂岩粗骨料与大理岩细骨料的组合骨料，避免了外运材料带来的运输能源消耗。②节地。采用地下布置、施工平台时空利用等综合措施，道路桥隧比达 55.5%，避让了高植被覆盖区域，减少土地使用。③节水。砂石骨料、混凝土等生产系统采用污水净化循环使用处理方式，中水全部回用，达到零排放。④节材。充分利用峡谷地形修建双曲薄拱坝，相比重力拱坝可节约混凝土 142 万米^3。

对库区濒危植物栌菊木进行迁地保护，并开展雅砻江干热河谷生态恢复研究，选育本地适生乡土

▲ 菊种中稀有的木本残遗种——栌菊木

物种，林草恢复植被面积达 231 万公顷，林草覆盖率 35%。通过大坝分层取水、生态流量泄放、建设联合鱼类增殖站和鱼类种质资源库、设置人工鱼巢等辅助方式帮助雅砻江锦屏河段原有鱼类生存和繁殖，使工程建设和环境保护和谐统一。建成国内放流规模最大、工艺最先进、投资最大的锦屏·官地鱼类增殖放流站。锦屏·官地鱼类增殖放流站自 2011 年建成投运至 2018 年，累计放流雅砻江珍稀特有鱼类鱼苗 817 万尾，取得了良好的生态效益。

◎ 第二节 世界最高面板堆石坝——水布垭工程

水布垭原名水埠垭。据考证，远古时代此地人丁兴旺，南来北往的人要从水埠垭过河，久而久之，水埠垭就成了一个水码头，"水埠垭"便由此得名，后随其谐音亦称为水布垭。水布垭境内奇景众多，最值得一提的是长江支流清江上游的水布垭水利枢纽工程（以下简称"水布垭工程"）。该工程位于湖北省清江中游河段恩施州巴东县境内，是国家"十五"期间的重点建设项目，是清江干流梯级开发的龙头工程。从 1954 年开始就对清江干流的开发进行了大规模勘测、调查和科研工作，水布垭工程经历了数十年规划，形成建设蓝图；2002 年 2 月水布垭工程开工，同年 10 月实现工程截流。2003 年 2 月大坝开始填筑施工，2008

▲ 水布垭工程鸟瞰

年7月4台机组全部投产，主体工程基本完工——世界最高的面板堆石坝在这里诞生。

水布垭水库正常蓄水位400米，相应库容43.12亿米³，总库容45.8亿米³，装机容量184万千瓦，是以发电为主，兼顾防洪、航运等的水利枢纽工程。水库蓄水运行以来，大坝的监测结果表明，大坝的应力、变形、渗漏量等各项性态指标均在设计控制范围内，大坝结构安全、工作状态安全，运行良好。截至2021年8月，逾19年的运行监测表明，大坝最大沉降仅2.65米，最大渗漏量仅66升/秒。

国际大坝委员会专家认为："水布垭大坝为建设世界更高面板堆石坝提供了有益经验"，将其誉为"中国面板堆石坝建设水平领先于世界各国的标志性工程"。大坝高度为233米，是目前世界唯一一座坝高超过200米的混凝土面板堆石坝。超过了此前世界上最高的——墨西哥阿瓜米尔帕面板堆石坝46米。水布垭大坝不仅突破了世界坝工界关于面板堆石坝坝高不得超过200米的理论禁区，而且实现了岩溶地区建设面板堆石坝的技术突破。2009年10月，水布垭大坝荣获第一届国际里程碑堆石坝工程奖。

一、工程速览，磅礴大气如虹

坝址上距恩施市117千米，下距清江第二梯级隔河岩水电站92千米。水布垭工程为I等大型水利水电工程，枢纽主要由混凝土面板堆石坝、右岸引水式地下厂房、左岸开敞式溢洪道和右岸放空洞组成。两岸青山可以作证，千古奔腾不息的清江，继隔河岩、高坝洲之后，第三次按照人类的安排改道，温顺地从水布垭工程穿流而过。

▲ 水布垭工程混凝土面板
浇筑施工场景

1. 混凝土面板堆石坝

水布垭工程混凝土面板堆石坝（简称面板坝）的面板是依托在堆石体上的薄混凝土板，在结构上具有较好的适应变形的能力和抗渗性、耐久性，建设时期从混凝土原材料选择、配合比的优化、温度控制、施工工艺等多方面采取措施，保证了混凝土施工质量，减少或防止裂缝的产生。水布垭大坝在堆石坝体的填筑施工方面进行的大坝填筑分区，特别是沿河床的横向分区，为国内外同类型坝施工提供了技术参考。

2. 溢洪道

水布垭工程溢洪道主要由引水渠、控制段、泄槽段和下游防冲段组成。引水渠横断面为复式，渠道两侧边坡每15米高设一级马道。控制段由6个溢流坝段和4个非溢流坝段组成，溢流坝段表孔均设有平板检修闸门槽和弧形工作门各一道，平板检修门由坝顶门机操作，弧形工作门由设在闸墩下游侧的液压启闭机操作。溢流坝段从上游至下游方向分别布置有防浪墙、人行道、坝顶公路、门机轨道、电缆廊道和启闭机房等。泄槽段轴线呈直线，泄槽总宽度92米，由纵向隔墙将泄槽分为5孔，每孔各成一区。下游防冲段采用防淘墙加混凝土护岸的结构型式。

▲ 水布垭工程溢洪道施工场景

3. 电站厂房

右岸地下电站为引水式。发电系

统建筑物包括引水渠、进水口、引水隧洞、主厂房、安装场、母线洞、右岸地下尾水洞、尾水平台、尾水渠、变电所、交通洞、通风洞和厂外排水洞等。

4. 放空洞

放空洞布置在右岸地下电站的右侧，主要作用包括放空水库、施工中后期导流和施工期向下游供水等。由引水渠、有压洞（含喇叭口）、事故检修闸门井、工作闸门室、无压洞、交通洞、通气洞及出口段（含挑流鼻坎）等组成。

二、技术突破，难题迎刃而解

水布垭工程两岸地形陡峻，库首近坝地段及坝区环境地质条件较差，有较多的危岩体广泛分布，在这种地形地质条件下，修建230多米高的大坝，建设者突破了多项专题技术难题。

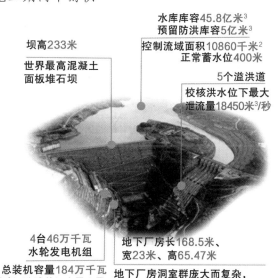

坝高233米
世界最高混凝土面板堆石坝

水库库容45.8亿米³
预留防洪库容5亿米³
控制流域面积10860千米²
正常蓄水位400米

5个溢洪道
校核洪水位下最大泄流量18450米³/秒

4台46万千瓦
水轮发电机组
总装机容量184万千瓦
居清江流域装机容量之最

地下厂房长168.5米、宽23米、高65.47米
地下厂房洞室群庞大而复杂，对国内同类规模地下电站工程具有重大参考意义

▲ 水布垭工程各项数据

1. 坝型比选

混凝土面板堆石坝在国内外均有较快发展，但要修建当今世界最高的233米的混凝土面板堆石坝具有很高难度，通过筑坝材料特性、堆石体变形控制、坝体应力应变分析、面板混凝土的防裂与耐久性、周边缝的止水材料和结构型式等研究，专家们论证了水布垭工程在采取适当的措施后技术的可行性。

▲ 水布垭工程俯瞰图

2. 滑坡治理

在水布垭工程库首近坝地段的大坝上游河段 9 千米范围内，分布有 18 个滑坡组成的滑坡群体。设计者经研究分别采用了"开挖减载、地下地表排水、前缘护坡、抗滑支挡"等处理措施。右岸峡口马崖高陡自然边坡，坡高达 360 余米，岩性上硬下软，且上部硬岩中还夹有多层软弱夹层，经过多方研究，最终采用了"卸荷开挖、边坡锚固、坡面喷护、排水坡脚护岸"等处理措施，最终取得了显著效果。

3. 消能型式

溢洪道下游消能区位于坝址峡谷出口大崖沱深潭，左有大岩淌滑坡，右有马崖高陡边坡和马岩湾滑坡，再加上河床岩层抗冲能力低、水布垭工程泄洪量大等特点，经计算、试验、分析综合考虑，最后采用了分区陡槽接窄缝式挑坎的消能方案和消能区保护采用防淘墙方案。通过水布垭工程的实践并成功应用，我国特高面板坝建设逐步形成了成熟的理论和成套的技术。水库蓄水运行以来，大坝安全监测结果表明，大坝的应力、变形、渗漏量等各项性态指标均在设计控制范围内，大坝的工作状态安全，运行良好。

三、生态优先，建造环保型大坝

1. 集大成筑世界之最

水布垭工程作为世界上最高的面板堆石坝工程，从2006年10月开始蓄水至今，运行情况良好，大坝沉降已趋稳定。

由于坝基的具体条件，水布垭工程坝址的地形条件更适宜修建高土石坝，可行性研究阶段对心墙堆石坝和面板堆石坝方案进行了同等深度的比较研究。其中，面板坝方案被列入国家"九五"重点科技攻关，并为此开展了大量的勘测、设计与科研工作。1999年4月，水布垭工程通过可行性研究审查，确定面板坝为推荐坝型。

在围绕水布垭面板坝长达18年的研究和实践中，20多家单位通力合作。此外，国内众多专家学者给予了直接指导，国际一些知名公司及面板专家也提供了咨询意见，水布垭工程依托国家科技攻关、国家自然科学基金、特殊科研、设计科研、专题研究等项目，最终形成了系统的超高面板坝筑坝技术，提升了面板坝建设作为一种"纯经验坝"的现状。

水布垭面板坝的成功建设是国内坝工界共同努力的结果。通过国家科技攻关，专题研究和水布垭工程实践，在坝料性能及试验方法、坝体变形控制、大坝防渗系统结构和材料、大坝施工与质量控制、大坝性状监控及安全评价等方面有重

▲ 水布垭面板坝

大创新和突破，形成一整套超高面板坝筑坝关键技术体系。该成果通过工程实践应用后表明，其技术领先，集成度高，为国内外开展300米级高面板坝的建设积累了丰富经验；水电站每年的发电量相当于减少142万吨燃煤消耗，节能减排效果十分显著。

2.环保型大坝优势凸显

面板坝因具有环保、经济等优势，是当前最主要和最有竞争力的坝型之一，在我国水利水电行业中得到重点推广。伴随着我国近20年来面板堆石坝一系列技术难关的攻克，水布垭面板坝成为我国面板堆石坝发展过程的一个缩影。由于工程建设中的技术创新和实践，带动了近10年中国面板堆石坝筑坝技术的发展完善。国家"九五"攻关项目"高坝工程技术研究——200米级高混凝土面板堆石坝研究"中的6大专题，涉及水布垭工程的占了5项。其中，止水结构与材料，曾在水布垭开工前在多个工程里做过实验，为水布垭正式运用该项技术进行了应用性实验。同时，因其接缝止水效果好，我国以这个重点工程为对象，在国内其他工程上开展了大量运用，均取得了非常好的效果。现如今，止水结构与材料技术已经占有大部分面板坝施工技术材料运用的市场。除了中国以外，还有至少十来个国家在建面板坝中都应用了水布垭的这项止水结构与材料技术。这项技术也将伴随着技术发展而不断改进和完善。

众所周知，面板坝以其安全性高、经济性好，地形地质条件适应性强，而成为当今最具竞争力的坝型之一，与混凝土坝相对，能充分利用当地材料，节省了大量的水泥、钢材；与心墙坝相比，可大大减少对当地植被的破坏，是一种资源节约型与环境友好型的坝型。随着西部大开发战略实施和节能减排力度加大，一大批高坝将在西部建设。超高面板坝筑坝关键技术研究及其在水布垭工程中的成功应用，将极大地推动我国高面板坝的发展。

知识拓展

解决技术难题，为突破面板坝200米坝高理论禁区垫定基石

水布垭工程论证之初，世界上最高面板坝为墨西哥刚刚建成的阿瓜米尔帕大坝（坝高187米），而国内当时最高的面板坝——天生桥一级面板坝（178米）才刚刚开始建设，设计、施工规范均未成形，没有200米以上超高面板堆石坝设计、施工等建设经验可供借鉴。能否将大坝的高度从187米提高到233米，一次跨越50米台阶，是世界性难题。面板坝坝型断面小，依靠上游很薄的混凝土面板挡水，大坝越高，堆石体在施工和运行期中的压缩沉降变形也会越大，这种变形将产生一系列不利后果。对此，水布垭工程技术研究团队开展了水布垭面板坝应力变形理论分析，发现只要把握面板坝的应力变形规律，就能针对变形采取控制性措施。通过科学的数值分析，只要选择合适的填料、合理的分区、得当的工程措施，就可以将大坝应力变形控制在设计允许的范围内。

通过合理设置垂直缝，并设置水平缝，优选高性能面板混凝土，优化施工程序，有效改善了面板的受

力状态，防止了水布垭超高坝面板的应力变形。同时，从坝料选择、坝体分区、设计与施工参数的确定等方面的高标准要求，可以达到最大可能减小竣工后坝体变形的目的，保证大坝变形控制在允许范围内。

▲ 水布垭堆石面板坝远眺

水布垭工程的防渗体系也有着重大创新和突破。由于工程的坝址位于岩溶地区，在20世纪，岩溶地区筑坝，几乎不可想象。水布垭大坝运行水头高，自身又是当地材料坝，坝基渗流场的控制关系到蓄水效率、大坝基础软弱夹层的渗透稳定性、工程边坡的变形和安全等一系列问题。在地质勘探的基础上，设计者研究坝址区的水文地质和工程地质条件，掌握了结构面和岩溶发育规律，通过科学计算，对防渗方案的合理性进行分析论证，开展技术创新与实践，最终突破了传统的以底部止水为主的止水结构方式，采用以表层止水为主的新型止水结构体系，在工程的具体应用中取得了良好效果。与此同时，他们还使大坝各分区坝料之间实现了合理的水力过渡，渗透稳定得到充分保证。

以水布垭为依托的大坝填筑技术也在同类技术中起到了带头作用。以前施工完全依赖机械，普遍认为，施工机械震动力达到20～25吨以上就不用担心填筑质量了，但对于水布垭这样的高坝，除了依赖施工机械以外，还要高度重视施工程序。不同的施工程序会导致不同的施工结果，这种高坝越往上建，其绝对变形也会越大，此时，施工程序已经足已对大坝的变形量和变形的形态产生较大的影响，变形的形态可以影响到面板的受力状态。因此，水布垭工程特别注意施工程序的优化，这已经在同类型施工技术上得到了广泛认同。这项技术也是水布垭工程集众家之所长，共同完善形成的共识。

3. 经济和生态效益兼顾

水布垭工程以发电为主，兼顾防洪、航运等功能，总装机容量 184 万千瓦，平均年发电量 39.84 亿千瓦时，水库正常蓄水位 400 米，总库容 45.8 亿米^3，为多年调节水库。截至 2020 年 12 月底，水布垭工程累计向社会贡献 49.77 亿千瓦时的优质电量。水布垭水库与清江上的隔河岩水库、高坝洲水库互相补偿运行、联合调度，不仅形成"一江三库"的壮观景象，而且承担了华中电网 12%～16% 的调峰任务。

由于库区河段的主要污染物为有机污染物，工程建库后库区水流变缓，水深增加，使有机类污染物的降解转化效果明显，水库下泄水质总体优于建库前。工程建成蓄水后，由于水域面积的扩大，给鸟类生境也带来更为有利的条件；对于随环境条件的改变而迁移的大鲵、水獭等动物，影响较小。

水库形成后，库区水生生态发生显著的变化，喜急流鱼类将有一定程度的减少，喜缓流鱼类在库区河段得以较大的发展。由于浮游植物、浮游动物和底栖动物等比较适应新的生境，种群数量都明显增加，为多种鱼类提供了丰富的饵料资源，有利于发展库区渔业，水库建设为渔业发展提供了良好的机遇。

◎ 第三节 国内最高碾压混凝土坝—— 黄登工程

澜沧江是被称为"东方的多瑙河"的东南亚第一巨川，从唐古拉山激荡南下，在云岭高原的崇山峻岭间奔流而过，千百年来滋养着两岸人民。2000年，国家实施"西电东送"战略，将西部地区的清洁能源转换为经济发展的动能，其目的是调整能源结构，加大清洁能源建设，减轻生态环境压力，促进东西部地区经济协同发展。澜沧江流域作为全国十三大水电基地之一，首当其冲成为"西电东送"清洁能源供应的主力军，开启了澜沧江水能资源梯级开发的崭新征程。20多年间，在国家绿色发展的总规划中，一条绿色的经济带顺江铺展，在彩云之南的版图上绘出了一条经济、生态和谐发展的绿色长卷。位于云南省兰坪县境内的黄登水电站工程（以下简称"黄登工程"），是澜沧江上游河段梯级开发的第六级水电站，电站大坝高203米，是国内最高的碾压混凝土重力坝。

知识拓展

中国碾压混凝土坝技术何时后来居上？

碾压混凝土坝是采用超干硬性混凝土经逐层铺填碾压而成的混凝土坝，具有施工快速、成本低的明显优势，是最具竞争力的坝型之一。20世纪60年代各国开始探索碾压混凝土筑坝技术，主要形成了两种模式：一是以日本为代表的"金包银"式碾压混凝土坝，如1981年建成的世界第一座碾压混凝土坝——岛地川（高89米）；二是以美国为代表的全断面碾压混凝土坝，如1982年建成的柳溪坝（高52米）。我国于20世纪80年代引进碾压混凝土坝型，1986年建成第一座碾压混凝土坝——福建坑口坝。现如今我国100米以上已建和在建的碾压混凝土大坝超过60座，200米级的高坝4座，在贵州普定首次建成了国内第一座高碾压混凝土拱坝后，又在年温差80℃的严寒地区成功建设了新疆喀腊塑克碾压混凝土重力坝，我国的碾压混凝土坝建设技术逐渐引领世界。

碾压混凝土坝在施工速度和工程造价上较常规混凝土坝有明显优势。中国在20世纪80年代引进碾压混凝土坝型后，在普定首次建成了世界第一高碾压混凝土拱坝（高72米）后，碾压混凝土坝得到了迅速推广应用。我国科技工作者经过30多年的努力，形成了一整套具有我国特点的碾压混凝土坝筑坝技术，建成了以广西龙滩，贵州光照、普定为代表的一批高碾压混凝土坝。现如今，我国100米以上已建和在建碾压混凝土大坝近200座，200米级的高坝3座，不仅在碾压混凝土坝的数量上，而且在建坝高度和科学技术上均已居于世界前列。

作为现如今我国最高的碾压混凝土重力坝，黄登工程坝顶高程1625.00米，最大坝高203米。泄洪建筑物由3个溢流表孔和2个泄洪放空底孔组成，位于

▲ 黄登工程底孔泄洪

左岸的引水发电系统采用"单机单管"引水及"两机一室一洞"尾水的布置格局。

黄登工程充分吸取国内外已建碾压混凝土坝的成功经验，在混凝土施工控制、温度控制、全面数字化建造等方面解决了一系列的关键技术问题，取得了优质的建设成果。

一、黄登工程建设迎难而上

有中国工程院院士曾说："黄登工程是澜沧江流域开发建设中难度最大的电站。"它的建设面临地处高山峡谷区、河床狭窄、施工布置受限较多、大坝体型结构复杂、工期紧、工程量大、质量要求高、生态环境保护难度大等重点难点问题。

1. 工程地形地质条件复杂

黄登工程地处滇西北深切河谷、高陡边坡峡谷区，冰水作用形成的堆积体分布普遍。坝址区岩体卸荷较深，分布有凝灰岩夹层，枢纽区1700.00米高程以上分布有与大坝受水推力方向一致的倾倒变形岩体，对大坝稳定影响大。枢纽区场地狭窄，布置受限，面临道路规划、混凝土入仓和设施布置等施工难题。

2. 工程安全性控制标准严

碾压混凝土重力坝是一种在施工速度和工程造价上比常规混凝土坝有明显优势的坝型。但近年来随着水电建设的高速发展，人工管控显现出的薄弱环节和碾压混凝土层间间歇时间过长、上游面防渗层加浆工艺粗放、混凝土温控防裂措施不到位等问题，致使碾压混凝土重力坝这种坝型频频出现蓄水后渗漏量大的问题，曾让坝工界对它的安全性产生质疑，黄登大坝的质量控制面临着巨大的挑战。

知识拓展

碾压混凝土坝如何防渗？

碾压混凝土坝采用通仓浇筑，薄层碾压。在防渗结构的设计方面，欧美、日本和中国各有特点。

欧美国家一般采用全断面三级配碾压混凝土，构造简单，施工快速，但防渗、抗裂性能稍差。

日本通常采用"金包银"的结构，仅将碾压混凝土（银）用于坝体内部，而在坝体的上、下游面和坝顶以及靠近基岩面浇筑常态混凝土（金）作为防渗层、保护层和垫层，施工复杂、进度慢、不易温控防裂。

中国创新了坝身二级配碾压混凝土加变态混凝土组合防渗技术，充分发挥了碾压混凝土快速施工的优势，并较好地解决了大坝的防渗问题。

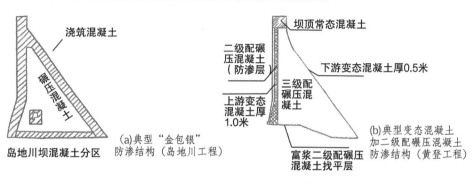

(a)典型"金包银"
防渗结构（岛地川工程）
岛地川坝混凝土分区

(b)典型变态混凝土
加二级配碾压混凝土
防渗结构（黄登工程）

▲ 典型碾压混凝土重力坝断面分区

117

3. 生态环境保护难度大

澜沧江毗邻三江并流区，工程所在区生态环境脆弱，天然植被差，加上高坝过鱼、土著鱼类增殖、珍稀植物保护技术难度高，导致生态环境保护难度大。

二、碾压混凝土坝的里程碑

黄登工程大坝以年均 68.3 米的上升高度，仅用了三年时间，就完成了 203 米高的大坝浇筑；坝体坝基小于 10 升／秒的渗流量，创下了国内同坝型同规模的渗流量最小纪录。大坝顶上 8 号坝段碾压混凝土防渗区，被完整取出了一根长度 24.6 米、直径 189 毫米的混凝土芯样，打破了国内最长的碾压混凝土芯样纪录。黄登工程碾压混凝土重力坝关键技术体系成套地沿用到了已建成的澜沧江大华桥、乌弄龙两座电站，该技术体系也为世界碾压混凝土坝技术发展作出了重要贡献。黄登工程荣获第四届碾压混凝土坝国际里程碑奖。作为国内最高碾压混凝土坝的里程碑，黄登工程充分体现了我国筑坝的高超技术水平。

1. 黄登工程实现对热升层进行数字监控

碾压混凝土坝层间接合的关键，是在坝体快速上升的同时，确保每层混凝土间以"新鲜"的姿态完成接合，这是热升层，它对温度和时间的要求非常严格。黄登工程处于干热河谷地区，降雨稀少，气候干燥，昼夜温差最高超过 20°C，对于怕"干"的碾压混凝土施工来说，无疑是个难题。针对这个难题，黄登工程首次研发应用了热升层数字监控系统对大坝热升层进行控制。

在这个系统的"监督"下，大坝仓面被分为若干的"小方格"，每个仓面从"下料"就开始被"跟踪"，混凝土暴露的时间和标准时间内的剩余量都被实时计算。在监控界面上，不同颜色的方格子直观地提醒着每一个仓面混凝土的情况，并及时指导现场的施工协调，实现热升层控制的基本前提是混凝土拌和系统的生产能力与仓面规划相匹配。通过加大混凝土生产和运输强度，保证每一层混凝土都能在最佳时间内进行覆盖和碾压，保证层间的无缝接合，有效避免了人为管理时较易出现的"漏洞"。

知识拓展

什么叫冷升层、热升层？

碾压混凝土坝如同千层饼。所谓冷升层是指在下层混凝土终凝之后再进行上层混凝土的浇筑。与之相对的就是热升层，即在下层混凝土初凝之前进行上层混凝土的浇筑覆盖。

国外通常将层面缝分为热缝、冷缝和温缝。由于热缝是在下层混凝土初凝之前就覆盖时产生的，整个浇筑层在初凝前再次被碾压，不需要对层面进行处理，仍可以获得较好的胶结性能。碾压混凝土坝施工过程中，连续上升铺筑的碾压混凝土，其层间间隔时间应控制在直接铺筑允许时间以内，这个时间一般以终凝时间为依据，超过直接铺筑允许时间的层面，即形成了冷缝，层面薄弱，会影响坝体的防渗等。

2. 黄登工程实现大坝混凝土数字化碾压

碾压混凝土坝传统的碾压质量是靠人工监督的，在大仓面、大强度、长时间碾压过程中，旁站工作人员难免对碾压机的碾压轨迹、碾压遍数和碾压速度的判断存在偏差。采用数字化的碾压监控，可有效避免人工的误差，大大提高工作效率。在混凝土数字化碾压施工中，每台平仓机、碾压机顶上都安装一个GPS，实时监控其位置、速度信息，并在车轮上安装激振力传感器，实时监控是否为振动碾压，监控屏幕上会实时显示每个碾压机的行走速度、碾压遍数、碾压轨迹等参数，并建立"监测—分析—反馈—处理"机制，对超速、欠碾、漏碾进行报警，结合人为干预进行及时处理，实现了对仓面碾压质量的实时闭环管控。

3. 黄登工程实现智能控制混凝土温度

黄登坝址区日温差大、日照强、湿度小、河流水温低，混凝土温度回升快，混凝土弹性模量偏高、极限拉伸值偏低，导致温控防裂难度大。结合工程特点，提出了"基础温差适当放宽、内外温差从严控制"的高碾压混凝土重力坝温控设计准则。浇筑温度控制可适当放宽，内外温差控制和表面保温措施应适当强化，通水冷却、表面保温及高温季节仓面喷雾是控制重点。

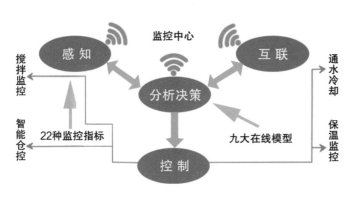

▲ 高碾压混凝土坝智能温控体系原理

黄登工程建立了高碾压混凝土坝智能温控指标体系，提出了全过程智能温控防裂方法和温控全要素实时感知互通技术，实现了开裂风险的智能分析以及混凝土温控全过程反馈控制，建立了9个在线分析、预测模型，贯穿混凝土生产、运输、浇筑、保护全环节，开发了一套全坝全过程混凝土温控智能监控软硬件系统，实现了信息自动采集、实时传输、效果实时评价、温控方案仿真反馈预测、智能通水控制、信息实时预警、智能发布和干预。

▲ 大坝混凝土碾压及收仓场景

通过科学的温控标准、合理的温控措施、智能化的管理模式，黄登工程温控良好，未发现明显温度裂缝。

4. 黄登工程变态混凝土施工质量控制良好

针对上游防渗层变态混凝土施工质量控制难题，黄登工程研究对比了人工插孔加浆、打孔注浆一体机及机制变态混凝土三种方式。实践表明，机制变态混凝土芯样表面光滑，接合密实，层间接合良好。在上游面变态混

▲ 变态混凝土施工现场

凝土施工中，研制了加浆实时监控指标体系，实现了防渗层的注浆孔造孔、加浆量、浆液浓度、振捣等各项参数的精细化控制，利用视频监控系统对作业现场进行在线监控，实时发送报警信息，进行纠偏，确保灌浆质量良好，为大坝上游穿上了一件密实的"防水服"。

黄登工程建成了高碾压混凝土坝的优质防渗层，大坝长期处于高水位运行，坝体渗漏量仅 0.5 升 / 秒。

知识拓展

为什么现在碾压混凝土坝要设温控措施？

碾压混凝土坝水泥用量相对较低，可改善坝体温度应力状态，因此早期碾压混凝土坝一般不设通水冷却的温控措施。后来随着高碾压混凝土坝建设，胶凝材料用量有所增加，高掺粉煤灰导致后期水化热加大，有些工程处于严寒地区，年温差高达 $80°C$，我国的高碾压混凝土坝开始大多采用系统的温控措施，以防止坝面产生有害裂缝，导致水力劈裂或冻融破坏。实践表明，针对工程的运行特点，碾压混凝土坝采取适当的温控措施是必要的。

什么是变态混凝土？

在大坝工程施工中，时常用到碾压混凝土。碾压混凝土是低水灰比、坍落度为零的水泥混凝土，不仅具有施工快、强度高、缩缝小、水泥用量少、造价低、减少施工环境污染等优点，还有经机械设备碾压易成型的特点。但是在施工中，有些部位没法使用机械设备碾压。在这些部位常采用一种介于常态与碾压之间的混凝土，使其具备常态混凝土的可振捣性能，同时又具备碾压混凝土施工快、强度高等优势，保证浇筑质量，这种混凝土被称为变态混凝土。

变态混凝土是在碾压混凝土拌和物中加入适量的水泥灰浆（一般为变态混凝土总量的 4% ~ 7%）使其具有可振性，再用插入式振捣器振动密实，形成一种具有常规混凝土特征的混凝土。

5.实现大坝工程三维信息模型的协同设计技术

依托黄登工程，设计、科研单位联合攻关，开发了基于大坝工程三维信息模型的三维地质建模软件，解决了地质建模的关键技术问题。首次实现三维建模技术在工程的全程运用，可根据不同阶段得到的资料采用适合的方法和流程进行建模，针对不同的对象、资料形式，提供各种有效的方法进行建模，大大提高了设计的精度及效率。

同时，利用云服务的在线参数化设计，研发了坝体体型的在线参数化设计平台，实现了网页端的坝体体型设计和坝体结构性分析的一体化，达到了节省设计时间、减少人力成本、坝体设计结果更为合理的效果。实现了 BIM 技术在碾压混凝土重力坝全专业、全过程的协同设计。

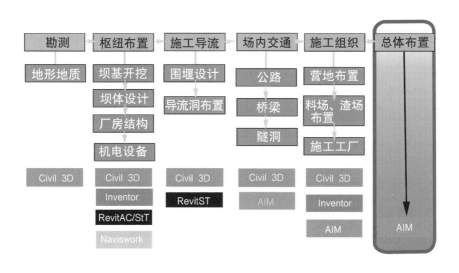

▲ 黄登工程基于 BIM 的协同设计技术框架

6. 窄河谷高坝新型燕尾坎消能技术

黄登工程最大下泄流量为 13854 米³/ 秒，溢流表孔单孔最大流量为 3373 米³/ 秒，最大下泄流量与单孔流量均居国内同类工程的前列。

工程在高碾压混凝土重力坝坝身表孔首次采用的新型燕尾坎，具有水流分散充分、抗空化能力强、起挑流量小、工程量省等特点。在常规挑坎的中部开口，使下泄水流沿程逐渐释放压力并漏入开口中，形成和窄缝式挑坎类似的纵向水舌。燕尾型挑坎不是依靠两侧边墩扩宽压缩流道，两侧边墙不额外受力，所以同等流量下所需边墙高度也远低于窄缝挑坎出口两侧边墙的高度。燕尾型挑坎的使用解决了河谷狭窄、水垫塘尺寸有限、泄洪功率大和下游流态难控制等问题。

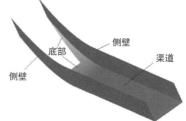

底部　　侧壁　　渠道

侧壁

（a）燕尾型挑坎体型示意图

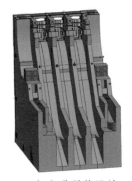

（b）黄登大坝溢流表孔泄洪

（c）燕尾坎设计

▲ 窄河谷高坝新型燕尾坎消能技术

7. 碾压混凝土骨料生产、运输及入仓成套技术

黄登工程建设中研发应用了保证砂石骨料高质量生产运输的设备。优选大格拉石料场的灰岩骨料，砂石加工系统采用新设备、新技术、新工艺，探索最佳系统联动开机组合，打造出了精品砂石骨料。骨料通过9.5千米的长距离胶带机系统运输至梅冲河成品料仓，通过改造下料斗及料仓，保证骨料粒径合格及运输可靠。

与此同时，还建立了满足高强度、严标准的混凝土生产系统。工程在上游梅冲河和下游甸尾布置了两座混凝土生产系统，预冷混凝土生产能力为900米^3/时。混凝土配合比设计不断优化，碾压泛浆效果达到最佳，为温控防裂、外观质量控制、节约投资做出了贡献，有效地保证了混凝土质量。根据施工总体布置，大坝碾压混凝土主要采用自卸汽车直接入仓、汽车运输＋满管溜槽入仓、皮带输送＋满管溜槽入仓等多种入仓方式，以满足不同高程、不同部位的浇筑需求。

知识拓展

黄登工程建设期间如何运"粮"？

走近黄登、大华桥骨料运输洞，一条色彩鲜明的机械装置如巨龙般盘踞在山谷之间，这就是连接大格拉砂石加工系统与梅冲河成品料仓之间的纽带——总长9.5千米的长距离胶带机系统，这也是国内水电行业单条最长胶带机。黄登、大华桥工程砂石加工系统主要承担黄登和大华桥工程主体工程

共约 550 万米^3 碾压、常态混凝土及 25 万米^3 喷混凝土所需的 1280 万吨砂石骨料的生产、运输供应任务。砂石加工系统布置在距黄登工程坝轴线上游约 13 千米的大格拉砂石料场附近区域，成品料仓布置在距坝轴线约 1.5 千米的左岸上游梅冲河沟口左侧区域。如何实现二者之间的骨料运输是问题的关键，经过综合考虑，最终大格拉至梅冲河长胶带机系统应运而生。

三、鱼乘"电梯"过高坝

澜沧江源起青藏高原，一路奔流向南。鱼类是澜沧江流域数量最为庞大的生物种群，已知鱼类达 1700 多种，鱼类多样性在世界大江大河中名列第二，仅次于亚马孙河流域。对鱼类种群的保护，是澜沧江维护生态平衡的首要任务。

黄登工程建设坚持生态环保优先，在科技创新的引领下，建成了升鱼高度（150 米）世界第一的高坝鱼类过坝升鱼机、分层取水的设施——叠梁门、占地 51.29 亩的鱼类增殖站，并形成约 20 万尾/年的增殖放流能力。其中，鱼类增殖站已成功攻克光唇裂腹鱼、灰裂腹鱼（国内首例）、澜沧裂腹鱼（国内首例）和后背鲈鲤等 4 种土著鱼类人工繁殖技术。此外，还建成了澜沧江支流德庆河鱼类保护区、尖叶木樨榄原地保护区。

在生态环境保护成绩单里，作为工程重要环保工作的升鱼机鱼类过坝系统，是升鱼机首次在 200 米级的高坝成功建成。黄登工程升鱼机的主要任务是协助坝址下游鱼类向坝上的迁移，以达到被大坝隔离的种群之间基因交流的目的。

▲ 灰裂腹鱼

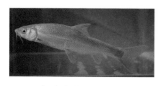

▲ 澜沧裂腹鱼

升鱼机由诱捕鱼系统、运输过坝系统和放鱼系统三部分组成。升鱼机布置在电站尾水口，利用发电尾水水流诱鱼，采用自动导引车运送鱼箱。当大坝升降机完成提升转运过坝后，运鱼船将鱼类运至库区河流

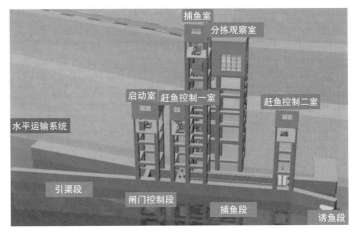

▲ 黄登升鱼机诱捕鱼系统布置图

放流，真正实现了诱鱼、捕鱼、运鱼、放流的全流程自动化。作为国内首例建成投运、世界提升高度最高、在200米级高坝首次成功应用的黄登工程升鱼机，过坝鱼类最大提升高度超过150米，对维持河流生态系统的连通性、保护土著鱼类、维持生物多样性都发挥着重要作用。

为了保护生态，澜沧江在里底与托巴工程间保留了26千米的天然河段，为生态环境保留原始风貌。2012年9月，澜沧江支流基独河水产种质资源保护项目在澜沧江上游的苗尾工程库区启动，建起澜沧江珍稀鱼类栖息保护地。随后，黄登、托巴、乌弄龙工程库区德庆河、永春河、雨崩曲等支流也相继建立了鱼类栖息保护地，对澜沧江流域的土著鱼类资源进行了有效保护。

澜沧江糯扎渡、功果桥、黄登和金沙江上的龙开口工程建立了鱼类增殖站，由专业科研队伍对澜沧江珍稀鱼类进行网补过坝、人工增殖和放流工作，这些工程分别在国内首次成功对澜沧江珍稀鱼类巨鮘、后背鲈鲤、灰裂腹鱼和澜沧江裂腹鱼进行人工繁殖。截至2021年8月，已有312.6万尾澜沧江土著鱼类通过人工培育繁殖后被放流澜沧江。

第六章

智能建造引领坝工未来

◎ 第一节 开高拱坝数字化先河——溪洛渡工程

两岸高山耸峙，深谷中一道大坝巍然矗立，坝上一湾清水，波平如镜，坝下清流激湍，奔腾下泻。来到溪洛渡水电站的人都会为大坝的恢弘和霸气而惊叹。

一提起大坝，人们最先想到的就是一座钢筋混凝土铸就的庞然大物。然而，位于我国西南部金沙江下游的溪洛渡水电站，依靠着大坝的"最强大脑"，获得素有国际工程咨询领域"诺贝尔奖"之称的"菲迪克2016年工程项目杰出奖"。

国家"西电东送"骨干工程之一的溪洛渡水电站工程（以下简称"溪洛渡工程"），最大坝高285.5米，水库正常蓄水位600米，死水位540米，总库容126.7亿米³，调节库容64.6亿米³，电站总装机容量1386万千瓦，是我国第二、世界第三大水电站。工程建设了综合性人机交互系统，开特高拱坝智能化建设之先河。工程中首次创建了特高拱坝智能化建设理论和体系，攻克了拱坝智能化建设的关键技术难题；首次建立了特高拱坝施工进度与真实工作性态的动态耦合仿真分析模型与方法，实现了大坝建设全过程实时工作性态的动态控制；首次创建了全生命周期拱坝全景信息模型（DIM），并研发了拱坝智能建设与运行

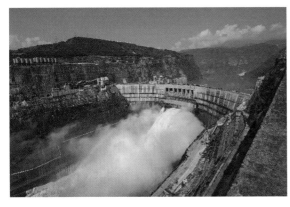

▲ 溪洛渡工程

信息化平台（iDam）。

溪洛渡数字大坝与智能化的建设，有效解决了300米级特高坝优质高效建设的世界级难题，位于上游的乌东德、白鹤滩两座工程特高拱坝在此基础上持续创新。20世纪是苏联、美国、欧洲引领了200米级拱坝的建设和发展，而随着21世纪我国一批300米级特高拱坝的建设，我国已成为300米级特高拱坝技术进步的领军国家。

溪洛渡工程因其规模大、难度高，已成为世界上最具代表性的工程之一。它不仅代表了全球大坝智能化建设的最高水准，更向世界展示了中国水电建设强劲的创新实力。

一、书写新的"水电传奇"

溪洛渡工程，泄洪洞单洞泄洪能力世界最大，总泄洪能力世界最大，过流面流速世界最高；拥有世界最大地下电站洞室群；坝高285.5米，居世界特高拱坝前列。总之，工程的建设凝聚了当今工程技术科学最新成果、工程适应趋势、遵循规律，体现了时代性、创新性、科学性，获得了世界的重视。现如今，中国水电工程技术已经进入世界先进行列，得到国际同行的广泛认可。

卓越的工程技术、丰富的创新成果，还有数字化建设和可持续发展的理念，造就了溪洛渡水电站的"水电传奇"。

1. 特高拱坝终结"无坝不裂"的历史

双曲拱坝适合在狭窄河谷修建，是技术性、安全性与经济性较优越的坝型，结构合理，受力好。

溪洛渡水电站大坝属于特高拱坝，大体积混凝土热胀冷缩，控制得不好就会开裂。越是高坝，尤其是薄壁的拱坝，对温度控制的要求就越严格。浇筑过程既对温度控制有要求，也对混凝土强度有要求，浇得不能太快，也不能太慢。

为了大坝全寿命周期的安全可靠运行，建设者探索从传统的粗放式水电施工管理模式向现代数字化、信息化精细管理模式转变，组织了一支国内一流的复合型工程信息化、智能化团队。建设者攻克了精细爆破、数字灌浆、智能振捣和智能温控等关键技术，大坝混凝土施工实现了全程信息化、智能化管理。

站在溪洛渡大坝坝顶，能看到很多个小盒子，盒子里密密麻麻缠绕着线头，这些线头对应着相应数量的温度计。除了温度计，坝体里还埋藏着多点位移计、应力计等多种监测仪器。这个监测系统管理着 2538 仓混凝土浇筑信息，由 3496 支安全监测仪器、4723 支混凝土温度计以及 2.4 万米的测温光纤组成。该系统能够实现高拱坝智能管控，时刻知晓大坝的"身体状态"，真实把握大坝建设的"脉搏"。正是凭借智能化建设理论和体系，水电站创造了浇筑混凝土 680 万米³ 未出现温度裂缝的世界纪录。

现在每一块混凝土的温度都通过温度传感器采集传输到计算机里，形成一个数据库，大坝温度梯度分布控制得非常好。溪洛渡水电站大坝浇筑的质量堪称完美，终结了"无坝不裂"的历史。国际大坝委员会名誉主席 Lius

▲ 溪洛渡工程水坝振动监测系统建设

Berga 教授评价："中国的创新技术在大体积混凝土结构智能化建设方面已居世界领先地位，成功解决了'无坝不裂'的世界难题。"

2.通过 5 个汛期泄洪"大考"

一般而言，欧美国家设计的传统拱坝上是不开孔的，开孔会削弱大坝的结构及受力状态。但是溪洛渡水电站位于长江干流上，仅靠岸边泄洪洞的泄流能力不能满足汛期泄洪要求，因此必须在坝身上开孔泄洪。由此，大坝坝身上开有 7 个表孔，表孔下面开有 8 个深孔。汛期泄洪时，水流从孔中迅疾落下，能量巨大。于是，拱坝大坝后面通常就再修建一个二道堤坝，形成水垫塘。"七上八下"的多孔水流，由此可以实现"分层出流、空中碰撞、水垫塘消能"。

▲ 溪洛渡大坝"七上八下"开孔泄洪设计

泄洪技术是溪洛渡大坝的另一个大亮点，4 条泄洪洞左右岸对称部署，通过坝身 7 个表孔及 8 个深孔，与 4 条泄洪洞联合完成汛期的泄洪任务。总泄洪能力、单洞泄洪能力、过流面流速等三项指标均为世界之最。

水流速度达到 40 ~ 50 米／秒时，像一把钢刀，无坚不摧。溪洛渡大坝泄洪洞采用"有压接无压、洞内龙落尾"结构型式，成功解决了"窄河谷、高水头、巨泄量"泄洪消能的技术难题。经过 5 个汛期泄洪消能运行检验，各项性能良好。项目建成了"体型精准、平整光滑、高强耐磨"的泄洪洞，为类似工程提供了新的设计、技术和施工方案。

3.洞室群庞大如肢爪

由于溪洛渡坝址区地势比较狭窄，为尽量少占

▲ 溪洛渡水电站地下厂房

用土地、迁移人口，必须尽可能利用两边的山体，将厂房布置在山洞里。水电站洞室群庞大，地下厂房洞室群共有342条洞室，数量和尺寸均为世界之最。9台水电机组一字排开，露在表面的部分场面恢弘，让人惊讶，下面主体之大更是让人难以想象。这些地下洞室好比大螃蟹伸向两边那无数条肢爪，工程量十分巨大。仅以出线竖井为例，4个竖井的深度均超过上海东方明珠电视塔的高度。

在不到1千米^{2}内有近百条洞室纵横交错，洞室边墙高、跨度大，尾调室高度95米，开挖过程中如果控制不到位，容易引起岩体开裂破坏甚至塌方，影响施工和后期运行安全。

为解决这一问题，项目首创了超大地下洞室群围岩稳定与控制成套技术，成功解决了层状岩体近库岸特大洞室群集成化布置、深覆盖层大断面竖井安全施工等世界级难题，为同类工程提供了开创性成果和经验，技术总体达到国际领先水平。

一边要挖掘巨大的地下洞室群，一边要建设近300米的高坝。设计者"脑洞大开"：为什么不能将挖出来的岩石用来建大坝呢？就这样，溪洛渡全坝粗骨料采用了地下洞室玄武岩开挖料。既节省了成本，也减少了处理开挖料带来的环境生态影响。

监测数据表明，溪洛渡的地下洞室群处于稳定状态。中国科学院、中国工程院院士潘家铮曾称赞："溪洛渡地下工程是世界一大奇观，地下电站工程堪称精品，是中国水电工程的骄傲。"

4.践行可持续发展观

溪洛渡工程始终坚持可持续发展的理念，把大坝泄洪和泄洪洞泄洪、电站泄流统一协调起来，尽可能减小工程建设对生态环境的影响。2016年9月，溪洛渡工程荣获"菲迪克2016年工程项目杰出奖"（以下简称"菲迪克奖"），除了质量可靠、技术过硬外，还在于其始终贯彻环境友好的可持续发展理念，体现了菲迪克奖的核心原则——质量、廉洁和可持续发展。

协调可持续已经成为当今世界水电发展的大趋势，大型水电开发首先要处理好工程与生态环境的关系问题。考虑到高坝大库带来的低温水、气体过饱和等情况，在溪洛渡设计中采取了分层取水等措施；在水库运行调度上，把大坝泄洪和泄洪洞泄洪、电站泄流统一协调起来，尽可能减小项目建成后对环境的影响。

菲迪克奖之所以花落溪洛渡，一个重要"加分项"是该项目建设过程中体现出来的责任意识和价值取向。具体来说，是在构建利益相关方互利共赢开发模式方面所坚持的理念和取得的成果。

大坝工程建设是一个价值再造的过程，建设工程不是交付一个产品，而是创造一个具有社会功能和市场竞争力的价值体。这个价值体要有增值空间，它体现在工程能长期有效地安全运行，各项功能都能充分发挥，并且能在已有基础上挖潜、提升。

实现项目所在地区域和人民协同发展，也是大坝工程永续价值的体现。库区人民为了支援大坝工程建设做出了巨大的牺牲，必须千方百计确保移民安稳致富。通过大坝建设，要将当地的优势资源充

小贴士

菲迪克奖

菲迪克是全球工程咨询行业权威性的国际非政府组织，由其制定的行业国际标准，代表着行业的最高水平。2013年，在菲迪克成立百年之际，按照"质量、廉洁、可持续发展"的核心原则，菲迪克首次评选"百年工程项目奖"。自此以后，每年菲迪克都会在全球范围内评选表彰一批对世界经济社会发展具有突出作用的工程项目。

分发掘出来，形成市场竞争力，促进当地经济社会发展，推动移民走上致富的道路。

二、开高拱坝智能建造先河

溪洛渡工程具有窄河谷、高拱坝、巨泄量、多机组、大洞室群、高抗震等特点，这些特点给拱坝的施工质量控制带来很大挑战。为保证大坝施工质量和大坝全寿命周期的安全可靠运行，在水电站建设之初，建设者就提出：依托现代化信息和管理手段，打造溪洛渡"数字大坝"工程，在此基础上结合智能化控制装置研发实现"智能大坝"建设，首开国内特高拱坝智能化建设的先河。

此外，工程建设中贯彻国家"走出去"战略，把在此类国内大型水电开发中形成的先进技术成果和成功经验，向其他国家和地区全面推广，在国际上树立起中国水电的良好形象。

1. 数字大坝

所谓"数字大坝"，就是通过统一的三维系统模型、平台、接口，全面、准确、及时地采集覆盖整个大坝建设各专业、全过程的信息数据，随着混凝土大坝的不断上升，虚拟的"数字大坝"也不断成长。

"数字大坝"系统可以实现数据的查询、分析、反馈和直观展示，从而为现场参建各方提供信息交流和现场监控的高效平台。通过登录"数字大坝"系统,建设者可以直观地了解整个现场的施工情况，对大坝施工全程监控，并根据现场存在的问题采取相应的施工措施，促进各单位协同工作、快速反应。

"数字大坝智能管理系统"的研发和应用，不仅提
高了水电站的建设质量，还有效地控制了工程建设
成本，仅大坝冷却用水一项就节约 3000 多万米^3，
节约投资约 5000 多万元。

2. 从"数字大坝"到"智能大坝"

"数字大坝"以虚拟大坝的构建为核心，主要功
能是以采集、展示、分析为主，以控制为辅。随着系
统开发的深入，以混凝土无线测温系统、混凝土智能
通水冷却控制系统、混凝土智能振捣监控系统、人员
安全保障管理系统等为主的智能控制系统相继建成，
实现了信息监测和控制的自动化、智能化，完成了"数
字大坝"向"智能大坝"的跨越，形成了以智能拱坝
建设与运行信息化平台（iDam）为智能化平台，以智
能温控、智能振捣和数字灌浆等成套设备为智能控制
核心装置的大坝智能化建设管理系统。

其中，iDam 是一个集网络、硬件、软件、项目
合同各方和专家团队为一体的综合性人机交互系统，
需要在坝体内埋设成千上万只温度计、多点位移计、
应力计等监测仪器；需要研发混凝土施工、温度控
制、仿真分析、预警预控等 14 个功
能模块。此外，还需要布置一个庞大
的覆盖全坝的信息网络。这些设备敷
设就像人体的毛细血管和神经系统，
将触角伸向坝体的各个部位。智能温
控、智能振捣和数字灌浆等智能控制
核心装置与 iDam 结合，实现现场建
设状态感知、分析、控制的智能化，
这就像是给建设中的大坝装上智能大

▲ 溪洛渡工程三维数字模拟图

脑，可以对大坝混凝土温度控制、混凝土振捣质量、灌浆施工等实施全方位的智能监控，确保大坝在保证质量与安全的前提下高效建设。

智能大坝建设是未来水电发展的大趋势，溪洛渡水电站引领着世界高拱坝的发展方向。

3. 一座"聪明"的大坝

溪洛渡大坝之所以"聪明"，在于建设和管理大坝的技术人员能预知它的"头疼脑热"，能及时调整它的状态，让它始终处于健康状态。

特高拱坝智能化建设，是基于物联网"全面感知、真实分析、实时控制"的闭环控制特征。围绕特高拱坝建设过程中面临的混凝土温控防裂、混凝土浇筑振捣质量、大坝基础灌浆、工程安全度汛等技术挑战，以新一代通信技术为支撑，集成物联网、移动通信、数据筛选分析、三维仿真、预警预判和决策支持、高精度定位等技术，将筑坝技术数字化、信息化，实时感知关键控制点的工程数据，并通过

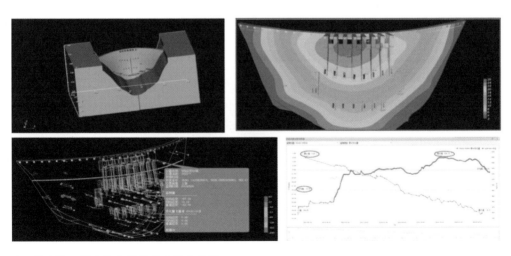

▲ 溪洛渡工程有限元后处理可视化展示

业务协同一体化平台 iDam，开展基于真实数据驱动的高可靠度的进度仿真和全坝全过程的温度、应力、渗流等多场耦合的坝体坝基真实工作性态仿真，进行多方案的比选和预测分析，对技术施工、工作性态、进度质量等进行实时动态分析评价，动态优化调整控制。运用成套智能控制装备和控制系统，实现了大体积混凝土施工质量的预报、预警与智能控制，混凝土通水冷却"早冷却、慢冷却、小温差"的实时、在线、个性化温控，解决了大体积混凝土施工漏振、过振、欠振等质量控制难题，并实现了基础处理灌浆抬动、压力、流量、密度的现地和远程实时监测与控制，使大坝建设过程全程可控，从而实现拱坝建设科学、有序、高效。

溪洛渡工程蓄水运行后，连续 3 年的监测成果表明，拱坝各项指标均在设计允许范围之内，开了智能高拱坝建设的先河。鉴定委员会鉴定该成果是混凝土拱坝筑坝技术的重大创新，居于国际领先水平。

4. 引领智能大坝未来趋势

新中国成立以来，我国建坝的第一个时代是 20 世纪五六十年代，建成的密云水库这座人工修筑的碾压式土坝，体现了很多创新；第二个时代是葛洲坝工程从人工筑坝转变到机械施工的时代，集中全国科研力量进行攻关；第三个时代是三峡工程建设的自动化时代，管理上、技术上都有很大提升；第四个时代是溪洛渡工程智能化建设时代；第五个时代是充分利用"互联网+"技术的白鹤滩、乌东德工程建设，真正进入建设智能大坝的时代。

从实体大坝到数字大坝，再到智能大坝，借助现代化的信息和管理手段，溪洛渡工程实现了大坝建设的全方位控制与管理，取得了一系列重大创新成果，保证了长江下流上国家骨干工程的建设质量和安全，并为制定特高拱坝设计、施工和运行的技术规范，提供了翔实的工程数据和实践经验，成为全世界高拱坝建设智能化时代的引领者。

三、高拱坝建设进度与质量智能控制

我国高拱坝工程多位于西南高山峡谷地区，自然环境条件复杂，面临着如何实现复杂建设条件下进度与质量的精细化管控问题。随着物联网、人工智能、大数据、智能视觉以及云计算等新一代信息技术快速发展，为高拱坝建设进度与质量智能控制提供了技术支撑。

智能大坝理论体系为溪洛渡水电站高拱坝建设进度与质量智能控制研究奠定了基础。溪洛渡水电站高拱坝建设进度与质量智能控制是以智能大坝基本理论为基础，以物联网技术、人工智能技术、云计算与大数据等新一代计算机技术为依托，以高拱坝建设全过程、全环节信息全面感知、智能分析和智能馈控为核心，构建高拱坝建设进度与质量智能控制体系和建设信息智能管理平台，实现对高拱坝建设进度与质量的智能管控。

溪洛渡工程高拱坝建设进度智能控制，是基于信息感知、智能分析、智能馈控技术路线，以多源海量施工监控信息的多维度、多细度挖掘分析为基础，以施工仿真模型智能更新、混凝土浇筑形态控制策略优化为核心，以施工进度偏差分析、施工进度方案优化为目的，采用可视化手段，实现对高拱

▲ 溪洛渡拱坝智能化建设总体思路

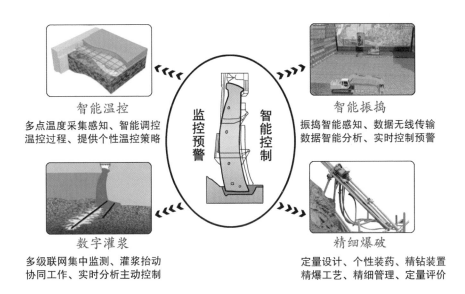

▲ 从粗放式管理向数字化、信息化精细管理转变

坝建设进度的智能控制。

溪洛渡工程高拱坝建设质量智能控制，是采用物联网、人工智能、智能视觉等先进技术，以建设过程多源异构质量信息的透彻感知为基础，深度挖掘分析并对建设过程质量进行协同自主化馈控，提升建设质量控制智能化水平。

溪洛渡工程高拱坝建设智能管理平台，是基于物联网、人工智能、BIM技术等实现大坝建设信息的多源感知、深度集成、智能分析、统筹决策和管理，有效提升建设各方协同工作效率，提高项目全过程精细化、信息化管理水平，为高拱坝全寿命周期建设管理提供智能化的技术支撑。

四、水下检修机器人"混江龙"

溪洛渡工程水垫塘水下检查，以前需要6名潜水员连续作业40天，如今，水下检修专用机器人C位出道一台"混江龙"，5天即告捷。有了水下检修专用机器人，水电站水下检查作业如虎添翼，效率大大提高。

溪洛渡大坝水垫塘区域海拔近400米，属高原潜水范畴。以往作业时，潜水员要用钢丝绳在水下铺设检查网格，再沿网格爬行数百米，凭经验和肉眼在水下一寸一寸地排查。水下压强很大，潜水员进行水下检查，如同负重前行，体能消耗很大，常人难以承受。

溪洛渡工程开了我国智能高拱坝建设的先河，能造智能大坝，也能攻下智能检修。中国长江电力股份有限公司检修厂决定，水电站水下检修专用机器人——"混江龙"上场。这种机器人下潜深度可

小贴士

水垫塘

水垫塘是大坝工程重要的泄洪消能设施。顾名思义就是利用水垫，来承托坝身泄流冲击，消耗高速水流的能量，防止高速水流长时间砸落而下、从而水滴石穿似的把大坝脚下的坝基破坏的塘式结构。溪洛渡水电站水垫塘长300多米、宽约200米，面积相当于10个标准足球场，设计最大可承担32278米³/秒的大流量消能。在经受主汛期考验后，每年冬季岁修期间，须对其底板进行检修，确保大坝来年安全度汛。

达300米，可以连续工作十几个小时。
不仅潜得深，而且神通广大，具备水
下摄像、扫描、打捞、测量、清理、
切割等多种"特技"，有效解决了在
大水深、复杂水流条件下的水下检查
和作业难题。

机器人"混江龙"是履带式的，
行动间不会带起浮沙，拍出来的图
像非常清晰。声呐扫描精度达到了
7.5毫米，定位准确度超过99%。
2019—2020年，在溪洛渡水电站水
垫塘的水下检修工作中，检查面积
约7万米²，检测出39处缺陷，一台
水下机器人只用了5天就大功告成。

▲ 水下机器人"混江龙"准备下水作业

▲ 检修员工在密切关注水下检修机器人工作情况

五、多重效益作用大

溪洛渡工程是长江防洪体系的
重要组成部分，是解决川江防洪问题
的主要工程措施之一。通过水库合理调度，拦蓄并
调节泥沙可使三峡水库入库含沙量比天然状态减少
34%以上。由于水库对径流的调节作用，将直接改
善下游航运条件，水库区实现部分通航，能够带来
巨大综合利用效益和社会效益。

1. 发电

溪洛渡水电站电量大，调节性能好，电力质量
高，是金沙江水电能源"西电东送"的最优电源点。
电站左右岸各安装9台77万千瓦的水轮发电机组，
总装机容量1386万千瓦。长江水系汛期水量丰沛，

▲ 溪洛渡水电站电力外送

各电站汛期电量比重大，特别需要调节水库汛期和枯水期的水量。水库总库容 126.7 亿米^3，调节库容 64.6 亿米^3，具有年调节能力，除电站自身巨大的发电效益外，对下游梯级水电站有巨大的发电补偿效益，使下游的三峡、葛洲坝水电站的供水期增加一个月。

2. 防洪

水库防洪库容 46.5 亿米^3，下游紧邻川江，距离宜宾市河道里程不到 200 千米，具有控制洪水比重大、距防洪对象近的特点，因此兴建溪洛渡水电站是解决川江防洪的主要工程措施之一。电站建成后，通过合理调度，可使川江沿岸的宜宾、泸州、重庆等城市的防洪标准从以往的不到 20 年一遇提高至 100 年一遇，增强了下游地区的自然减灾能力，在长江防洪体系中发挥重要的作用。

3. 拦沙

金沙江是一条多泥沙河流，在溪洛渡坝址金沙江平均年输沙量 2.47 亿吨，占进入三峡水库入库泥沙量的一半。溪洛渡水电站建成后除推移质全部留在库内外，还可以利用巨大的死库容拦截部分悬移质泥沙，减少三峡水库的入库泥沙。据计算，溪洛渡水电站单独运行 30 年，可减少向下游输沙 58.84

亿吨，占同期来沙量的 80%，可有效减少三峡水库库尾段重庆港的泥沙淤积，有利于三峡水库的长期使用和综合效益的发挥。

4. 环保

水电是清洁、可再生能源，溪洛渡水电站电能送达的区域——华东三省一市的大部分地区均处于国家划定的酸雨和二氧化碳污染双控制区，巨大的环保压力和能源资源不足制约了华东地区电力的可持续发展。溪洛渡水电站的电能东送，不仅满足电力负荷增长的要求，而且有巨大的环境效益，大量的优质电能代替火电后，每年可减少燃煤 4100 万吨，减少二氧化碳排放量约 1.5 亿吨，减少二氧化氮的排放量近 48 万吨，减少二氧化硫的排放量近 85 万吨，减轻了对大气环境的污染。

5. 社会综合效益

随着溪洛渡工程的建设，库区对外、对内水陆交通条件的改善，移民及工程开发建设资金的投入，对库区各县的基础设施建设、资源开发利用、产业结构优化、社会经济发展起到了积极的推动作用。

▲ 鸟瞰溪洛渡水电站

知识拓展

你知道鱼类的增殖放流吗？

金沙江溪洛渡—向家坝水电站珍稀特有鱼类增殖放流站是长江上游珍稀特有鱼类国家级自然保护区规划中的增殖放流站之一。自放流站建成投入运行10年以来，人工繁殖技术不断取得新进展。目前，增殖放流站养殖已驯养鱼类达到10余种，其中包括国家级保护动物达氏鲟、胭脂鱼等珍稀鱼类，已累计向长江上游珍稀特有鱼类国家级自然保护区水域投放鱼苗数量达到了127万尾，其中达氏鲟、胭脂鱼19万余尾，较好地保护了金沙江流域的生态环境。

为了给金沙江下游的鱼类一个舒适的家，2017年开始，电站连续三年成功开展了生态调度试验。通过操作机组进水口叠梁门，将发电取水高程由518.00米抬升至530.00米和542.00米，调节出库水温，探索促进金沙江下游产黏沉性卵鱼类（达氏鲟、胭脂鱼等）的产卵繁殖的生态调度方式。

▲ 达氏鲟　　　　▲ 胭脂鱼

◎ 第二节 绝壁上的无人智能碾压——两河口工程

水流通过巨大的人工隔板倾泻而下，薄雾弥漫在周围陡峭的山谷中，一道影影绰绰的彩虹横跨江面。"不尽江河滚滚流，流的都是煤和油。"这是水电行业送给水能建设的赞美诗。

在我国西南地区，数以千计的河流穿越高山峡谷，蕴藏着极为丰富的水能资源。四川省甘孜藏族自治州雅江县境内，在雅砻江奔流的深谷中，人们乘车穿过数条狭长的隧道后，眼前陡然一亮。迎着光，站在 3 千米高的观望平台，凭栏俯瞰：嚯！削山筑墙，拦江垒坝，脚下居然有座几十层楼高、56 个标准足球场那样大的巨型工地，将汹涌奔流的江水拦腰截断。在绝壁上的无人智能碾压——两河口水电站工程（以下简称"两河口工程"）的建设中，一辆辆装有土石料的卡车，如同蚂蚁般盘旋在施工步道上。正是像两河口工程这样一座座气势如虹的大型水电站，使得我国水电装机容量稳居世界第一。

两河口工程位于四川省甘孜州雅江县境内雅砻江干流与支流庆大河的汇河口下游，坝址处多年平均流量 666 米³/秒，水库正常蓄水位为 2865 米，相应库容 101.54 亿米³，调节库容 65.6 亿米³，电站装机容量 300 万千瓦。

两河口工程为雅砻江中下游梯级电站的控制性水库电站工程，对整个雅砻江梯级电站的开发影响巨大。电

▲ 雅砻江两河口工程施工场景俯瞰

站的开发目的主要为发电，同时具有蓄水蓄能、分担长江中下游防洪任务、改善长江航道枯水期航运条件的功能和作用，其经济效益十分显著。

两河口工程的建设面临"四高六大两长"的特点和难点。四高：高海拔、高土石坝、高泄洪流速、高边坡群；六大：本体工程规模大、移民代建工程规模大、征地移民范围大、安全风险大、稳定压力大、开发建设难度大；两长：建设管理战线长、物资运输路线长。

一、"四高"水电站，当惊世界殊

中国水电建设向条件艰苦的河流上游、高海拔地区开发的趋势越来越明显。在没有直接技术规范和工程实例可借鉴的情况下，两河口工程填补了高海拔地区超高堆石坝的建设空白，能给未来类似坝型建设提供借鉴。两河口工程建成可谓是"四高"水电站，当惊世界殊！

高边坡群：最高边坡684米，世界水电第二，比上海中心大厦还高60多米。

高泄洪流速：设计最大泄洪量为4076米³/秒，冲击力相当于160辆满载25吨货物的卡车群以200千米/时的速度进行冲撞。

高土石坝：坝高295米，世界第三高土石坝，总填筑方量相当于6个"鸟巢"的体积。

高海拔：平均海拔3000米，含氧量约为北京的69%。

▲ 雅砻江两河口工程面临"四高"挑战

1. 高海拔

两河口项目所在地平均海拔 3000 米，含氧量约为北京的 69％，"睡不着""干不动""心脏负荷大"等成为工程建设者们面临的首要困难。在缺氧环境下，人工会降效，就连机械也"喘不上气"，导致效能降低。不仅如此，水电站地处川西高原高山峡谷地带，天气条件恶劣、昼夜温差大，对土石坝"冻不得淋不得"的"娇弱"体质而言，又是一大挑战。

2. 高土石坝

作为已建或在建的世界第三高土石坝、中国第一高土石坝，两河口工程大坝为砾石土心墙堆石坝，坝高达 295 米。大坝总填筑方量相当于 6 个"鸟巢"的体积，如果做成 1 米^3 的墙体铺展开，可绕地球一圈多。要把如此大体量的土石料精心筛选，并且碾压得牢不可破，难度可想而知。

3. 高泄洪流速

两河口工程最大泄洪流速 53.76 米 / 秒，世界第一，设计最大泄量为 4076 米^3/ 秒，这样的冲击力相当于 160 辆满载 25 吨货的卡车群，以时速 200 千米同时进行冲撞。如何让泄洪工程抗冲耐磨是道极为棘手的难题。

4. 高边坡群

坝址区地形高陡，大坝两岸的边坡众多，其中 200～300 米级工程高边坡多达 7 个，300 米及以上工程高边坡 5 个，形成世界水电最大规模高边坡群。这对做好开挖、支护提出了严格要求。

由于坡高路陡，机器设备无用武之地，要把这些锚索用人工方式固定在200层楼高、几乎垂直的岩壁中，劳动强度之大，前所未有。但是部分锚索安装了感应器，未来能够实时监测相应边坡范围的张拉力，进行智能监测。看着锚索挺"笨重"，其实也很智能。

知识拓展

绝壁之上筑"鸟巢"

两河口工程山高谷深，边坡上、下高差达720米，其中泄洪洞进口边坡690米，比中国第一高楼上海中心大厦还高50多米。为保障这陡峭边坡的稳定性，建设者需要将每根70米长、2吨多重的钢锚索插入山体中，将山体岩石牢牢拉住。这项工程总计使用钢锚索约1.5万根，总重量近4万吨，相当于是把"鸟巢"的钢结构搬上海拔3000米、高度数百米的高边坡。在此过程中，还成功解决了边坡群地质条件复杂、开挖与支护强度大、立体交叉作业工序协调难等诸多问题。

▲ 钢锚索固定

为了解决高海拔大温差地区锚索施工技术这一业界难题，该项目创造性地采用"立体多层、平面多工序"的施工方法，实施实用型钢导渣墙、棚洞防护、钢筋石笼等"三维立体防护技术"，创新采用履带液压钻机在渣料形成的平台进行锚杆、锚索造孔。

▲ 三维立体防护技术

同时，修建长达 20 千米的盘山施工道路，通过设置缆索、滑道、塔机，系统解决出渣和材料运输难题，最终实现在"三零"目标（即零伤害、零事故、零损失）下，提前 6 个月完成世界级特高边坡开挖任务，并获得 1 项国家级科学技术奖、2 项省级工法、2 项专利。正是这一创举，让这个堪称世界之最的高边坡能抵御抗震烈度 8 度的地震灾害，牢牢守护着大坝的安全。

二、土石坝不"土"，土石坝也"娇"

一般人眼中的土石坝土气十足，但其实土石坝需要被细心呵护。要让土石坝成为铜墙铁壁，需要破解诸多世界级难题。两河口的建设者们尝试并成功应用了创新方法——智能施工技术，最为亮眼的是无人智能碾压施工技术。

为什么土石坝不"土"呢？土石坝作为当地材料坝，相对于混凝土坝型来说，其筑坝材料地方特色显著，如两河口工程土料场分散，土料成因和物理力学性能差异大，因此土料、石料的计算参数有很大的不确定性，现有的各种定量计算分析手段还不能准确反映土石坝应力、变形和渗透等复杂特性，很多关键技术问题还需要对当地材料的性质通过大型的现场试验来确定。大坝筑坝材料研究作为工程关键技术问题，在预可行性研究报告、可行性研究报告、招标和施工图阶段，联合国内主要知名科研院所、高校进行了大量的专项科研试验、现场专项试验及生产性试验，取得了具有前沿性的科技成果，这些都使得土石坝工程科技含量十足。

说土石坝也"娇"，是因为土石坝材料有着严格的级配、分区、物理力学性能和防渗性能等技术质量指标要求。为保证高土石坝心墙与坝壳石料的变形协调，心墙土料须掺加砾石改善其物理力学性能，即使是天然含砾土料也往往因为其砾石含量在空间上分布不均匀而需掺和均匀后方能上坝填筑。另外，土料性能对低温霜冻和含水量变化敏感，这给大坝冬季和雨季的施工进度和质量控制带来极大挑战。正如大坝建设者所言，"作为大坝生命线的防渗心墙土料，若在冬雨季施工时应采取相应的防雨、防冻、调整含水率等措施，要'跟照顾小孩似的'去进行大坝心墙料的填筑施工。"从这个角度上讲，土石坝显得又很"娇气"。

以科研之力保障工程稳步建设，在两河口工程建设中，科研带来的技术创新让人耳目一新。两河口水电站作为现如今国内在建最高土石坝工程之一，存在诸多超出现行规范的重大关键技术问题。为了保证工程目标顺利实现，解决这些重大关键技术问题，工程在创新研究上下的功夫可以说是"顶级配置"。利用现代信息技术，在招标施工图阶段率先开展了枢纽工程三维设计及其应用研究工作，在建设实体工程前先行建设了一个全寿命周期、全方位信息的虚拟工程模型，这为设计多专业协同、减小"错漏碰缺"提供了平台。通过三维虚拟漫游，可以帮助参建各方直观理解设计意图；同时，虚拟工程模型集成了工程规划设计、施工建设、运行管理等项目全寿命周期的信息，便于今后的检查、维护和信息查找利用。这些研究探索工作为后续水电工程及类似工程的建设管理开拓了思路，提供了借鉴。

科学技术是第一生产力，数字两河口工程技术实现了"智能大坝"的施工管理，两河口工程世界级高度土石坝科技含金量十足，充足的科研资本投入和多年来扎实的科研试验成果为工程建设保驾护航。因而，工程有了无与伦比的"魅"与"力"，在甘孜藏族自治州腹地的雅砻江畔闪耀着现代水电建设的科技之光。

三、智能大坝系统，远程运筹帷幄

大坝中心区相当于心脏，为了防渗透，就要在心脏位置砌上保护墙——"心墙"。要让"心墙"抵挡住 260 多米高、107 亿米^{3}库容的水压力，碾压紧实是最关键的步骤之一。"心墙"需要经过千层的填筑，每层需经过 10 遍碾压。

上万遍的重复碾压，枯燥乏味，人总有大意迷糊的时候，怎么杜绝错碾、漏碾，保障大坝安全？智能大坝系统前方指挥中心的屏幕给出了答案。屏幕组除了多角度图像展示，还有工程建设实时信息展示"24 号凸块碾：速度，2.63 千米 / 时；错距，4 厘米；遍数，3……"屏幕上呈现

▲ 两河口工程智能大坝系统前方指挥中心

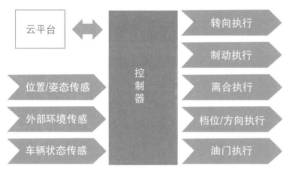

▲ 大坝填筑碾压机械无人驾驶系统设计框架

的是立体图形，4 台碾压车正在屏幕上行驶，每台车的轨迹由不同颜色替代。

指挥中心里占据一面墙壁大小的屏幕上，集合了包括灌浆监控与分析系统、心墙料掺和工艺监控系统、坝体堆石自动加水监控系统、大坝填筑运输与碾压等 11 个子系统的信息体系，全过程实时监控着大坝主体工程施工。

数字化大坝监控系统通过在碾压设备安装高精度 GPS 传感器定位移动终端，经基站将碾压信息进行处理和传送，实现现场监控室对设备碾压过程的实时监控。GPS 数字化监控系统具有全方位实时监控各项碾压参数（如碾压遍数、速度、激振力、碾压厚度等）的特点，能够有效避免漏压、欠压，真正实现过程可控。

相信在未来，随着我国各类世界级大型水坝的日益增多，越来越多的人工智能技术将会参与其中，在工程建设中秉轴持钧。

四、无人碾压，践行水利水电建设智能化

随着计算机技术、人工智能技术（系统工程、路径规划与车辆控制技术、车辆定位技术、传感器信息实时处理技术以及多传感器信息融合技术等）的发展，基于无人驾驶的大坝填筑智能碾压施工在工程中逐渐得以开发和应用。大坝填筑智能碾压系统不仅具备加速、减速、制动、前进、后退以及转弯等常规的车辆功能，还具有环境感知、任务规划、

路径规划、车辆控制、智能
避障等类人行为的人工智能。
这个复杂的动态系统由相互
联系、相互作用的传感系统、
控制系统、执行系统组成。

　　基于无人驾驶的大坝填
筑智能碾压系统通过无线网
络将碾压机械感知信息上传

▲ 基于无人驾驶的大坝填
筑智能碾压施工机械

至云服务器，服务器通过信息综合分析后作出相应
的动作（即操作控制端的命令），控制端的执行决
策也是通过无线网络发送至碾压机械，执行相应的
动作，从而达到了无人驾驶的目的。

1. 无人智能碾压传感系统

　　无人智能碾压传感系统是利用三维激光雷达来
进行施工面检测与施工区域障碍物识别。大坝碾压工
作面较粗糙，起伏较大，采用相对高度、距离跳变和
局部梯度等特征综合判定栅格（即平面位置坐标）属
性，最终融合得到完整的栅格地图。

　　碾压设备是填筑碾压施工的重要
工具，使用毫米波雷达和高清影像两种
传感器融合，识别前方障碍物。通过对
传感器的位置和参数进行标定，确立毫
米波雷达与机器视觉在空间上的坐标映
射关系，将毫米波雷达获得的信息映射
到图像上，融合深度学习的碾压设备识
别结果，获取障碍物的位置和状态信息。

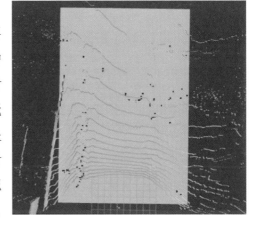

▲ 无人智能碾压传感系统激光点云及栅格地图

2.无人智能碾压决策系统

填筑施工过程中，碾压路径规划是大坝填筑智能碾压核心工作之一。利用云服务器根据碾压作业需求和碾压设备状态，进行统一调度、合理分配，实现有序、安全、高效的无人驾驶碾压。将所规划的路径，经无线网络传输至车载无人驾驶工控机，实时监控碾压设备按照规划的路径行驶。

（1）路径规划。根据大坝填筑施工相关技术要求，对碾压机械施工路径进行规划。对于折线形碾压路径规划，需要输入的参数包括碾压设备车前缓冲区、车后缓冲区、碾压轮宽度、碾压遍数、搭接宽度、碾压区域坐标以及设定的碾压速度与碾压过程中的振动频率要求等。

（2）路径跟踪。路径跟踪控制器接收两方面的输入信号：一是规划模块的期望路径坐标点序列；二是由厘米级精度全球导航卫星系统和双天线测向设备共同输出的碾压设备实时精确位置与航向信息。通过路径跟踪控制器运算处理后得到方向盘转角，最终控制碾压设备按照期望路径行驶。

（3）障碍物避让决策。碾压机械在获取环境信息后，在行驶路径上如果判定存在未标识的障碍物，则将触发停车等待，不会进行障碍物规避。这是因为碾压机械为保证压实效果必须按规划路径行驶，如进行避障将无法保证碾压效果。当行驶路径上的障碍物为人及车辆等移动障碍物或固定障碍物时，必须等其离开后，碾压设备才会继续前进。当行驶路径上的障碍物为负障碍物时，则说明可能规划施工区域与实际施工区域存在差别，停车也可以保证车辆安全。

3.无人智能碾压执行系统

碾压机械的操纵机构因生产厂家或型号不同较为多样，执行机构需适应这种多样性。在某些工况下碾压机械仍然需要人工驾驶，所以执行机构在保证自动驾驶功能的同时不能妨碍人工驾驶。此外，二维操纵杆执行机构、转向执行机构、离合器、刹车机构以及油门执行机构等为主要的执行机构，通过组合可适配不同碾压设备。

无人驾驶汽车尚未在城市交通中推广，而如今在水利水电工程上已经率先实现了无人驾驶碾压，推进智能筑坝建设。实现绝壁上的无人智能碾压新技术，两河口工程促使水利水电工程建设在智能化、信息化、数字化道路上阔步前行，更把工程建设摆脱以往人员密集型的行业形象，转化成为知识密集型的高技术行业，不但能有力保证碾压混凝土质量，明显提高筑坝效率，而且实现了建设电气化、数字化、网络化、智能化。

在两河口工程大坝心墙填筑施工现场，一群无人碾压机忙碌地碾压着砾石土，一遍又一遍；上、下游堆石区，推土机忙碌地铺料，前进、后退；工程车载满石料，静静等候，呈现出忙而不乱、井然有序的场景。施工采用的新型无人智能碾压机，重达 26 吨。它们就像一个个会移动的钢铁大力士，依靠自身的重量把土料碾压平整。为使大坝固若金汤密不透水，无人智能碾压机需要把土料中的缝隙压缩到比水分子还小的程度。

比起普通碾压机，无人驾驶智能碾压机的核心，是其配备的姿态传感器，可用来感知碾

▲ 两河口工程建设和无人驾驶智能碾压施工现场

▲ 无人驾驶智能碾压机

压机的姿态。在车内的公共箱里装有碾压车的"大脑"——单片机。单片机可进行自主感知、自主分析、自主决策，以及最后对碾压机进行控制。

传统土石坝的心墙碾压，通过人工翻牌子计数控制遍数，碾压轨迹只能通过监理工程师的肉眼判断，速度控制则凭感觉，施工质量存在很大的主观因素。无人驾驶智能碾压机融入了智能大坝实时监控系统，定位精度达到厘米级，能够实时计算分析碾压机行走轨迹、车速、碾压遍数、压实厚度等，并实时自动报警，杜绝了隐患。不仅如此，还解决了碾压工招工难、低频振动带来的职业健康困扰等问题。

两河口工程是雅砻江中下游的"龙头"水库，是雅砻江干流中游规划建设的 7 座梯级电站中装机规模最大的电站。电站建设克服了高海拔、高土石坝、高泄洪流速等诸多世界级技术难题与挑战，推动了我国高土石坝建设跨入国际先进行列。电站建成后，与雅砻江下游锦屏一级、锦屏二级水电站两座大水库联合运行，由于其调节库容大，加之地理位置特殊，对雅砻江、金沙江下游乃至长江的梯级电站都具有显著的补偿作用，它的兴建对"西电东送"及电源优化配置、改善电网电源结构起到了积极作用，是西部水电开发、促进社会经济发展的战略性工程。

两河口工程深度融合"数字大坝"系统，构建"智能大坝"系统平台，有效提升工程科技含量，为提高行业施工智能化水平作出贡献，为我国乃至世界人工智能在水电工程施工领域应用和发展提供强劲的助推力，具有重大的战略性意义。

◎ 第三节 特高拱坝智能建造升级版—— 白鹤滩工程

我国地势高差巨大，地形复杂多样。自高原和山地发源的众多大小河流，蕴藏着巨大的水能资源。大自然馈赠给了中国一片河流与高山交错、雄伟壮丽的神奇土地，这里是世界上水能资源最集中的区域，中国人民正在把这一馈赠变成惠及千家万户的清洁电能礼物。

金沙江是长江的上游河段，流域形状狭长，地形北高南低。它自北向南流经青藏高原区、横断山纵谷区、云贵高原区，流至四川省宜宾市与岷江汇合后，开始称作长江。金沙江江源区庞大的扇状水系由正源沱沱河、南源当曲、北源楚玛尔河及通天河上段为主组成，通天河直门达（巴塘河口）以下始称金沙江。从江源至宜宾，河道干流全长3496千米，落差约5100米，蕴藏着巨大的水能资源。

为实现巨量电力资源开发，兼顾防洪、航运，并促进地方经济社会发展，我国在金沙江下游河段修筑了一座巨型水电站——白鹤滩水电站工程（以下简称"白鹤滩工程"）。白鹤滩水电站是实施"西电东送"的国家重大工程，装机容量为1600

▲ 白鹤滩工程俯瞰

万千瓦，是仅次于三峡水电站的世界第二大水电站，是新时代又一项大国重器。

白鹤滩水电站将与乌东德、向家坝、溪洛渡以及此前建成的三峡、葛洲坝水电站共同构成世界上最大的清洁能源走廊，成为带动经济社会高质量发展的绿色动力引擎。同时，对保障整个长江流域防洪安全、航运安全、供水安全、生态安全发挥着重要支撑保障作用，实现了经济、社会和生态效益的有机统一，助力美丽中国建设。大国重器白鹤滩工程单机容量 100 万千瓦，位居世界第一，拥有世界规模最大的地下厂房等多项世界第一。

相传很久以前，金沙江畔森林茂密、水绿山青，成百上千的白鹤常常在水边嬉戏觅食，人们把白鹤经常出没的地方称作白鹤滩。如今，白鹤滩建起了水电站，愿优美的环境会重新引来白鹤翩翩起舞。

一、6 项技术世界之最

白鹤滩工程位于金沙江干流下游河段上，云南省巧家县大寨镇与四川省凉山彝族自治州宁南县六城镇交界的白鹤滩，上游与乌东德梯级电站相接，

▲ 2021 年 6 月 28 日白鹤滩电站首批机组投产

下游尾水与溪洛渡梯级电站相连，是金沙江下游（雅砻江口—宜宾）河段 4 个梯级开发的第二级，距宁南县城约 22 千米。

白鹤滩工程由拦河坝、泄洪消能设施、引水发电系统等主要建筑物组成，拦河坝为混凝土双曲拱坝，坝顶高程 834.00 米，最大坝高 289 米，混凝土浇筑方量约 803 万米^3。电站建成后将主要向华东电网、华中电网和南方电网供电，并兼顾当地电网的用电需要，还将发挥拦沙、发展库区航运和改善下游通航条件等综合性作用。

白鹤滩作为国家"十三五"规划"西电东送"的骨干电源点，是当今世界在建的综合技术难度最大的水电工程，施工难度挑战前所未有，又是唯一一座全部设备实现国产化的水电站。白鹤滩工程勇闯世界水电"无人区"，创造了 6 项世界之最。

1. "百万机组"领跑全球

作为全球首个单机容量达百万千瓦的水电站，白鹤滩电站发电机组的研制和安装难度空前。承担右岸、左岸发电机组生产的专业技术团队各自用"独门绝技"成功研发出产品，形成了具有自主知识产权的核心技术。

2. 地下洞室群创世界之最

白鹤滩电站机组厂房建在地下，厂房系统、输水系统、泄洪系统、交通网络等在金沙江两岸的大山内部纵横交错。地下洞室施工克服了柱状节理玄武

▲ 白鹤滩电站机组厂房施工场景

岩、高地应力等困难，开挖量达到 2500 万米^3，地下工程里程达到 217 千米，均为世界之最。

3. 圆筒式尾水调压室规模最大

白鹤滩电站共布置 8 座尾水调压室，左岸、右岸各 4 座，调压室两机共用一室，采用圆筒形阻抗式布置。竖井加上室内顶拱，深度超过百米，相当于 33 层楼房的高度。

4. 抗震参数在 300 米级高拱坝中位居全球第一

白鹤滩工程处于川滇地震带，国内抗震经验最丰富的科研院所及高等院校联合开展高拱坝的抗震安全研究，采取的抗震措施可确保特高拱坝的抗震安全。

5. 低热水泥破解"无坝不裂"世界难题

混凝土发热导致的"无坝不裂"是全球性难题，白鹤滩特高拱坝首次全坝采用专用低热水泥混凝土，在满足设计要求的同时，还具有温升缓慢、温升小、收缩小、综合抗裂性能高等特点，大坝没有出现温度裂缝。

6. "镜面混凝土"折射工艺之最

白鹤滩工程有世界最大无压直泄洪洞群，只需18 分钟就能灌满整个西湖。混凝土采用过水养护后如同镜面，清晰地倒映出人影。仓与仓之间看着有施工缝，但摸上去平整光滑。镜面效果不只是美观，更重要的是减轻高速水流空化、气蚀等影响。

知识拓展

重力坝和拱坝各有所长

重力坝是依靠坝身自己的重力保持在水压力作用下的稳定，具有厚而稳固的坝基、庞大的坝体。重力坝的主要优点是设计施工相对简单可靠、对地形地质条件适应性强、抗破坏能力强；缺点是建筑材料用量大。比如，三峡水利枢纽的大坝就属于混凝土重力坝，长约 2300 米，坝顶高程 185 米。

拱坝是坝体向上游方向拱起的坝，利用拱的受力特点，将水施加的巨大压力传导到两岸和坝基。拱坝的主要优点是超载能力强、安全度高、抗震能力强、节省建筑材料。缺点是对地质地形要求高，对施工水平要求高。拱坝适合修建在窄深河谷地段，要求两岸的岩体具有非常好的稳定性。白鹤滩水电站大坝就是一个双曲拱坝，坝顶弧长 709 米，最大坝高 289 米。大坝挡水以后，将承受 1650 万吨的水推力，相当于 10 万台火车头的重量。

二、建造无缝大坝

在水利水电、交通等领域，混凝土坝、衬砌和桥墩台对质量和安全稳定的要求非常高，但"无坝不裂""无衬不裂""无墩不裂"，一直是世界级难题。混凝土为什么会出现裂缝？要解答这个疑问，就要从混凝土材料的特性说起。

混凝土在浇筑后会持续进行水化反应。水化反应是放热反应，反应产生的热量会累积在混凝土块

163

▲ 建设中的白鹤滩大坝

内部。混凝土表面散热快、温度低，中心则温度相对高，在极端情况下内外温差甚至可达到 30℃ 以上。受混凝土内外温差、内部温度梯度影响，当拉应力超过允许抗拉强度时，容易产生裂缝，影响结构耐久性与安全。温度应力会随着混凝土几何尺寸的增大而成倍增长。一般的房屋、路面等常见的小型混凝土结构，温度应力并不突出；但对于体量巨大的混凝土大坝，施工期的温控防裂问题已成为特高拱坝建设最关键的科学与工程问题之一。

白鹤滩大坝建设过程中，为有效解决大体积混凝土温度裂缝问题，在混凝土生产、运输、浇筑、养护的全过程中采取了全面的温控措施，比如优选高性能低热水泥、进行骨料（即混凝土中的碎石、砂等主要原料，起骨架和支撑作用）预冷、运输浇筑过程保温、全过程温度监测、冷却通水与长期测温等。

白鹤滩工程开展了大量的料源方案选择，比较了全部采用玄武岩开挖料、玄武岩粗骨料＋灰岩细骨料、全部采用灰岩骨料等方案，最终大坝混凝土粗细骨料均优选采用旱谷地灰岩，灰岩骨料混凝土具有线膨胀系数低、强度较高、干缩较小的优点，其线膨胀系数为 $5.0 \times 10^{-6}/℃$ 左右，低于玄武岩骨料混凝土，温控抗裂性能更好。

白鹤滩大坝为我国首个全坝采用低热水泥的 300 米级特高拱坝。因低热水泥的水化热比中热水泥和普通水泥小，所以大坝混凝土的绝热温升大大低于中热水泥和普通水泥大坝混凝土的绝热升温，

对降低温度应力、减少温度裂缝非常
有利。尽管全坝采用低热水泥，但由
于白鹤滩大坝混凝土一次浇筑体型特
别巨大，在凝固过程中还是要释放大
量水化热、产生温度变化，进而产生
温度应力。若没有及时采取措施，就
容易产生各种温度裂缝，影响工程结
构外观、耐久性及永久安全。

▲ 大坝混凝土温度控制施工现场

　　为了更好地控制温度，工程技术
人员又使出了一个大招——通水冷却。为突破传统
通水冷却技术的局限，工程将物联网、云计算、智
能控制等技术与工程建设相结合，基于"全面感知、
真实分析、实时控制、持续优化"的智能建造闭环
控制理论，研发了智能通水控温的成套方法与技术
体系，实现了对大体积混凝土温度的实时、在线、
个性化的闭环智能控制。

　　智能通水控温系统可以实现对大体积混凝土闭
环、时空梯度智能温度控制。通过在新浇筑混凝土
块和冷却水管中安装水工数字温度计、一体流温控
集成装置，实时在线感知混凝土温度、进出水温度、
流量等。通过云端大数据、深度学习，进行实时在
线协同仿真分析，为每个浇筑块选择最优控温策略
和通水调控时机、流量、开度等，预测混凝土温度、
应力梯度值；由智能通水控温集成系统通过调节通
水量，实现对混凝土温度时空、内外、升降个性化
梯度联控。

　　此外，白鹤滩工程还在大坝、水垫塘、导流洞、
垫座、二道坝等工程部位全面采用了"智能通水2.0"
系统，混凝土温度逐渐平稳，温控质量明显提升，在大坝高强度连续上升的同时确保了混凝土的温控质量，为建造无缝大坝提供了保障。智能通水技术实现了最高温度达标率 98.1%，降温速率达标率 98.8%，相较人工通水模式耗水量降低 25% 以上。

三、智慧升级的白鹤滩大坝

白鹤滩工程大坝智能建造项目分为大坝混凝土施工全过程监控、大坝混凝土温度全过程监控、大坝工程建设安全与进度仿真、大坝工程长期安全特性仿真及大坝工程智能建造信息管理平台等 5 个组成部分。

大坝建设是一项复杂的系统工程，整个过程需要大量的人力、物力、财力。如何有效地利用资源，合理协调和分配这些资源到工程建设的各个阶段和环节上就显得尤为重要。白鹤滩作为 300 米级特高拱坝，在建设的过程中，任何一个环节出现错误都有可能导致下一个环节的延误，严重的情况下还会导致不可逆的损伤，对大坝的质量造成永久的损害。为了避免这样的情况发生，就要求在施工建设过程中能够随时随地掌握当前施工现场的真实情况，了解当前大坝建设的阶段，确认各种安全指标是否处于安全范畴之内，实现整个项目的中心调度和全盘掌控，建立完整的远程、实时、便捷的工程建设管理与控制体系，为白鹤滩的安全建设保驾护航。

因此，白鹤滩项目建设了专门的信息管理平台。这个平台运用前沿尖端信息技术手段，包括建筑信息模型（BIM）、物联网、大数据和可视化等，能够实时接收和存储施工现场的所有信息，包括人员的定位、材料的数量、机械的状态和运动轨迹、工艺流程等一系列数据，经过平台整合加工后，对当前施工情况作

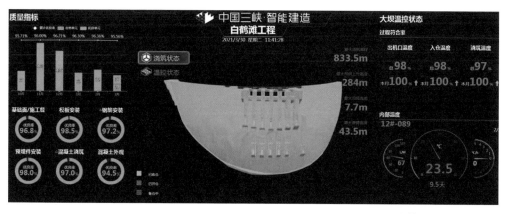

出实时判断，并及时反馈给管理人员，为大坝工程的
建设提供了一套完整的安全监管体系，也为特高拱坝
的技术和管理方法研究提供了宝贵的科研素材。

▲ 白鹤滩大坝智能建造
协同工作平台

　　为掌握各工艺的施工进度和施工质量，信息平
台采集和集成了各个施工工艺的过程数据和关键指
标数据，并记录了缆机运行轨迹和过程作业数据。其
中，由于温控防裂是拱坝建设的一个重要任务，为监
测环境因素对大坝温度的影响，在施工过程中还采集
了库水位、温度、天气雨情和廊道温湿度等数据。信
息平台集成了水泥、钢筋、粗细骨料和混凝土等17
种材料的试验数据和全过程评定验收数据。

　　信息平台依据不同的施工场景需
求开发了针对性的系统，建立了完整
的数字化管理体系，实现了工程施工
过程的全方位监控，为工程的施工质
量管理、安全管理、进度管理、成本
管理提供了良好的技术手段。

　　大坝混凝土浇筑的施工全过程监
控系统实现了对大坝结构和混凝土配
合比等基础信息的管理，并对拌和楼、

▲ 大坝混凝土温度全过程监控系统模型

▲ 大坝浇筑过程中对运行中的关键施工设备实时监控

缆机、水平运输车等关键施工设备的运行进行了实时监控与分析。

信息平台还利用 BIM 模型和三维动画技术，严格按照水电工程施工技术标准，深入剖析白鹤滩大坝施工重点和难点，全面总结出一套标准化的施工工艺动态方法库，通过明晰施工工艺的质量要求，归纳现场上常见的工艺错误，规范施工工艺标准，帮助管理者和工人对工艺的理解与学习，提高工程建设质量，对行业和白鹤滩工程大坝建设起到了有益作用。

信息管理平台的数据对于后续工程安全仍然具有至关重要的作用。在工程完工后，坝体内部埋设的1万余个各种仪器还能够源源不断地将温度、变形、应力等数据传送至信息管理平台，通过监测这些数

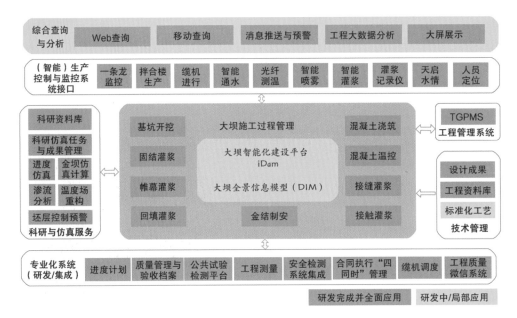

▲ 大坝智能化建设平台（iDam）架构

据能够实时掌握大坝的位移、温度等关键指标数值，实时判断大坝的安全状况。同时，也能够监测机械的运转情况，分析机械设备是否正常运行，从而制定合理的检修计划，为机械设备安全运行提供保障。信息管理平台还积累了大量的施工过程数据，通过分析施工过程的数据，能够找出影响工程安全的关键因素，为类似工程建设的安全措施优化提供参考。

四、"水电明珠"耀中华

江流蓄势，机组飞旋。随着左岸 1 号机组、右岸 14 号机组完成 72 小时带负荷连续试运行，全球第二大水电站——金沙江白鹤滩水电站首批机组正式投产发电。在电站地下厂房内，首批投产发电的两台机组运行稳定，电站的综合效益优势正逐步彰显。

1. 洪水不再是"猛兽"

长江流域属亚热带季风区，暴雨活动频繁，洪灾在流域内分布很广，特别是主要由堤防保护的中下游平原区最为严重。长江宜宾—重庆河段以及岷江、沱江、嘉陵江的中下游地区，也是长江上游易受洪水灾害的重点区域。

白鹤滩水库控制流域面积约 43 万千米^2，约占金沙江流域面积的 91％，是长江流域开发治理的控制性工程之一。水库在金沙江下游 4 个梯级中库容最大，防洪库容为 75 亿米^3，仅次于三峡和丹江口水库工程，相当于 525 个西湖的容量。白鹤滩水库与位于金沙江下游的乌东德、溪洛渡和向家坝三个

▲ 白鹤滩工程远眺

梯级水库联合运用，使长江沿岸的宜宾、泸州、重庆等城市防洪标准进一步提高；减少进入三峡水库的洪水，配合三峡水库运用，能有效减少长江中下游地区的成灾洪水和分洪损失。

▲ 白鹤滩工程建成后改善了下游河道通航条件、减少了河道泥沙淤积

2. 改善下游河道通航条件

长江上游是我国水土流失较为严重的地区之一。由于受人类活动影响，原始森林破坏严重，部分河段两岸泥石流活动频繁，滑坡山崩发育，两岸土地多采用轮耕式耕作，致使金沙江中下游水土流失严重，汛期河流含沙量较高，其中以攀枝花—屏山区间水土流失尤为严重。白鹤滩坝址处多年平均年含沙量为 1.42 千克 / 米³，多年平均悬移质（指在水流中悬浮运动的泥沙，多为细沙和黏土颗粒）年输沙量为 1.849 亿吨，推移质（指在水流中沿河底滚动、移动、跳跃或以层移方式运动的泥沙颗粒，会全部淤积在水库中）年输沙量为 214 万吨。因此，在加强植被保护、控制水土流失的同时，兴建水利水电工程控制重点产沙区的泥沙输移，是流域综合治理的重要措施之一。

白鹤滩水库正常蓄水位 825 米，相应库容约为 190 亿米³，水库建成后，多年平均年出库含沙量预计减少至 0.2 千克 / 米³，比天然情况含沙量降低了 86%，对缓解下游溪洛渡、向家坝和三峡梯级水库泥沙问题和河道淤积、改善下游河道通航条件都有着重要的作用。

3. 助力"碳达峰碳中和"目标

白鹤滩水电站是金沙江水电基地的骨干工程，也是"西电东送"中部通道的骨干电源点之一，分别输电江苏省和浙江省。

水电站总装机容量 1600 万千瓦，多年平均年发电量约 624 亿千瓦时，相当于成都市 2018 年全社会用电量，巨大的发电效益可见一斑。电站建成后，替代受电区的煤电，每年可节约标准煤约 1968 万吨，每年可减少排放二氧化碳约 5160 万吨、二氧化硫约 17 万吨、氮氧化物约 15 万吨，减少烟尘年排放约 22 万吨，减少空气污染，提高受电区的环境质量，减轻煤矿、火电、交通建设压力和环境污染，促进受电地区经济社会的可持续发展，环保效益显著。

白鹤滩水电站的建设有利于实现我国制定的 2030 年非化石能源占一次能源消费比重达到 25% 左右，单位国内生产总值二氧化碳排放比 2005 年下降 65% 以上，2030 年前实现碳达峰，2060 年前实现碳中和的发展目标。

4. 打造"水上高速公路"

"金沙水拍云崖暖"，金沙江下游新市镇以上自古为非通航河段。大坝建成后，阻挡住江水，使得大坝上游水位抬高，形成一条从坝前到水库末端比原来的天然水面线要高的新水面线，称为"回水"，这一段区域就是回水区。

白鹤滩工程建成后，正常

▲ 大坝修筑后抬高了上游水位从而形成回水区

蓄水位 825 米时回水长度约 182 千米（至乌东德坝址），其中常年回水区全长 145 千米，变动回水区 37 千米。常年回水区淹没 52 处主要滩险，库区干流以及支流部分河道水深增加、流速减小，为发展库区航运创造了条件。水库形成后，库区内地方航运营运区段主要是常年回水区，库区内客货运输以短途为主，可满足工程库区周边地区人们的生产、生活需要，促进库区社会经济发展。

金沙江攀枝花—宜宾河段乌东德、白鹤滩、溪洛渡、向家坝 4 个梯级枢纽建成后，库区常年回水区河段累计长共约 612 千米，约占全河段的 80％。实施翻坝转运设施后，通过水陆联运可实现攀枝花—水富全河段上下游水运通道间的连通，结合公路交通建设，形成金沙江下游综合交通运输体系，对促进金沙江下游地区经济社会发展意义重大。

5. 绿水青山就是金山银山

白鹤滩工程位于我国四川、云南界河金沙江的干流上。工程所在地区经济社会发展水平较低，库区所在的 7 个县（区）人均 GDP 约为全国平均水平的 2/3。实施西部大开发战略，建设长江经济带，加快中西部地区发展，合理调整地区经济布局，促进地区经济协调发展，是我国政府作出的重大战略决策。水电资源是当地最具优先开发条件的富集资源，利用水利水电工程建设可带动相关产业的发展，经济稳定增长，增加就业，有利于产业结构调整，促进地方经济发展。

白鹤滩水电站建设将当地的水电资源优势转化为经济优势，加快库区地区脱贫致富，为当地经济增长作出较大贡献。水电站直接用于电站枢纽建设和库区建设的资金超过 1700 亿元，电站建设投入的资金拉动了相关行业的投资、新增就业机会和当地税收，对优化当地产业结构，改善工程周边地区的交通、通信等基础设施条件，推进新型城镇化建设，提高当地居民生活水平，促进当地和金沙江下游地区经济社会发展意义重大。同时，项目建设带入的信息，将促进当地的对外交流，有利于增强农村居民对文化、体育、卫生事业发展的受益程度。

［1］第一次全国水利普查成果丛书编委会.全国水利普查数据汇编［M］.
北京:中国水利水电出版社,2016.

［2］赵万民.三峡工程与人居环境建设［M］.北京:中国建筑工业出版社,
1999.

［3］长江水利委员会.三峡工程生态环境影响研究［M］.武汉:湖北科
学技术出版社,1997.

［4］潘家铮,张泽祯.中国北方地区水资源的合理配置和南水北调问题
［M］.北京:中国水利水电出版社,2001.

［5］李善同,许新宜.南水北调与中国发展［M］.北京:经济科学出版社,
2004.

［6］张修真.南水北调:中国可持续发展的支撑工程［M］.北京:中国水
利水电出版社,1999.

［7］杨文华,孙美斋.龙羊峡、刘家峡水库联合调度分析［J］.水力发电
学报,2000(1):27-36.

［8］曾永年,冯兆东,曹广超.基于GIS的黄河上游龙羊峡库区生态环
境遥感监测研究［J］.山地学报,2003(2):140-148.

［9］李瓒,郑建波,王小润,等.从龙羊峡工程实践看拱坝的体形选择［J］.
水力发电,1988(1):9-16.

［10］李仲奎,周钟,汤雪峰,等.锦屏一级水电站地下厂房洞室群稳定性
分析与思考［J］.岩石力学与工程学报,2009.

［11］李东民.水利水电工程项目风险管理——以锦屏一级水电站为例
［D］.电子科技大学,2013.

［12］陈业青.水布垭工程［J］.江河文学,2007(1):65-65.

［13］马吉明,张永良,郑双凌.水布垭工程差动窄缝挑坎型溢洪道水力
特性的试验研究［J］.水力发电学报,2007,26(3):93-98.

［14］杨宜文,张信,邓良军,等.黄登工程升鱼机设计与实践［C］//国际
碾压混凝土坝技术新进展与水库大坝高质量建设管理——中国大
坝工程学会2019学术年会,2019.

[15] 于欠兵,石正国.实验室间比对在黄登水电工程质量控制中的作用 [J].云南水力发电,2019,35(2):143-144.

[16] 王锦国,周志芳,杨建,等.溪洛渡水电站坝基岩体工程质量的可拓评价 [J].勘察科学技术,2001(6):25-29.

[17] 肖白云.溪洛渡水电站高拱坝大流量泄洪消能技术研究 [J].水力发电,2001(8):69-71.

[18] 周志芳,王锦国.金沙江溪洛渡水电站环境水文地质综合评价 [J].高校地质学报,2002(2):227-235.

[19] 黄辉,施召云.两河口水电站庆大河挡水坝大坝填筑碾压试验 [J].甘肃水利水电技术,2013(7):28-31.

[20] 陈云华.两河口水电站特高心墙堆石坝关键技术问题研究 [C]// 水电2013大会——中国大坝协会2013学术年会暨第三届堆石坝国际研讨会,2013.

[21] 粟运华.新安江水电站综合利用效益调查报告 [J].水电能源科学,1991(1):65-69.

[22] 汪文生,马伊岷,洪镝.高流态混凝土在公伯峡水电站工程中的应用 [J].水利水电技术,2004(9):92-94.

[23] 汤旸,陈洪天,吴曾谋,等.公伯峡水电站混凝土面板堆石坝设计 [J].水力发电,2002(8):34-37.

[24] 郝群,姜艳,张影丽,等.水工专业本科教学《水工建筑物》课程考试方式改革与实践 [J].黑龙江教育:学术,2013(3):84-85.

[25] 郑万勇.《水工建筑物》课程考试制度改革研究与实践 [J].职教论坛,2006(6X):52-54.

[26] 顾鹏飞,黄松柏.三峡工程的六点新启示——《百问三峡》《非常三峡》读后感 [C]// 上海市老科学技术工作者协会学术年会.上海市老科学技术工作者协会,2014.

[27] 许邦基.水工建筑物脆性材料应力模型试验问题 [J].长沙水电师院学报(自然科学版),1986(1):79-81.

[28] 周克己.水利工程施工——水利水电工程专业系列教材 [M].北京:中央
      广播电视大学出版社,2004.

[29] 王世强.水工建筑物冻融破坏防治技术分析 [J].黑龙江科技信息,
      2013(17):196.

[30] 潘家铮.水工建筑物的温度控制 [M].北京:水利电力出版社,1990.

[31] 张璧城.水工建筑物的有限元分析 [M].北京:水利电力出版社,1991.

[32] 新华社.揭秘三峡升船机:长江黄金水道上又一世界之最 [J].科学家,
      2016,4(12):10-11.

[33] 赵斌.服务南水北调 打造核心水源区 [J].环境保护,2007,14(7B):55-
      55.

[34] 本刊编辑部.黄河龙羊峡水库创建库以来最高蓄水位 [J].西北水电,
      2005(4):36-36.

[35] 本书编委会.水利水电工程管理与实务复习题集 [M].北京:中国建筑工
      业出版社,2007.

[36] 佚名.世界最高碾压混凝土坝取芯长度创世界纪录 [J].混凝土,
      2017(1):160-160.

[37] 潘家铮,何璟.中国大坝 50 年 [M].北京:中国水利水电出版社,2000.

[38] 曾令云.溪洛渡 [M].北京:作家出版社,2007.

[39] 李海潮.混凝土面板堆石板施工技术及应用——公伯峡大坝施工理论
      与实践 [M].郑州:黄河水利出版社,2008.

[40] 申茂夏,郗举科,米清文.锦屏一级水电站特高拱坝工程施工技术 [M].
      北京:中国水利水电出版社,2015.

[41] 赵越.新安江流域水环境管理模型应用研究 [M].北京:中国环境出版社,
      2015.

[42] 陈祖煜,胡春宏,郭军,等.聚焦三峡 [J].科学世界,2011(9).

[43] 陈祖煜,贾金生,胡春宏,等.南水北调,构建中国"四横三纵"水网 [J].
      科学世界,2012(11).

[44] 陈祖煜,贾金生,等.再谈三峡 [J].科学世界,2017(5).

[45] 范夏夏, 徐俊新, 王玮, 等. 白鹤滩水电站—— 拥有多项世界第一 [J]. 科学世界, 2021（7）.

[46] 余维, 李浪, 廖阳. 白鹤滩智慧管理平台建设及实践探索 [J]. 水电与新能源, 2021, 35(3):4.

[47] 矫勇. 中国大坝 70 年 [M]. 北京: 中国三峡出版社, 2021.